高应力区陡倾矿体开采岩体移动规律、变形机理与预测

郭延辉　著

U0352886

北　京

冶　金　工　业　出　版　社

2024

内 容 提 要

本书以云南狮子山铜矿为实际案例，针对高应力区陡倾矿体开采引起的岩体移动、地表变形等问题，介绍了矿区地应力场分布规律及高水平构造应力场反演分析方法，揭示了深部持续采动诱发断层的活化规律及发生机理，研究了厚大陡倾矿体深部持续开采引起的覆岩移动规律与变形机理，探究了高应力区陡倾矿体崩落法开采岩移趋势与范围。

本书可供采矿工程、安全工程专业的工程技术、管理人员及高等院校相关专业的师生阅读参考。

图书在版编目(CIP)数据

高应力区陡倾矿体开采岩体移动规律、变形机理与预测/郭延辉著. —北京：冶金工业出版社，2024.1
ISBN 978-7-5024-9717-0

Ⅰ.①高… Ⅱ.①郭… Ⅲ.①地下开采—岩层移动—围岩变形—研究 Ⅳ.①TD325

中国国家版本馆 CIP 数据核字(2024)第 021809 号

高应力区陡倾矿体开采岩体移动规律、变形机理与预测

出版发行 冶金工业出版社		**电 话** (010)64027926	
地 址 北京市东城区嵩祝院北巷 39 号		**邮 编** 100009	
网 址 www.mip1953.com		**电子信箱** service@ mip1953.com	

责任编辑 王悦青 **美术编辑** 彭子赫 **版式设计** 郑小利
责任校对 范天娇 **责任印制** 窦 唯
北京建宏印刷有限公司印刷
2024 年 1 月第 1 版，2024 年 1 月第 1 次印刷
710mm×1000mm 1/16；12.5 印张；243 千字；190 页
定价 96.00 元

投稿电话 (010)64027932 **投稿信箱** tougao@cnmip.com.cn
营销中心电话 (010)64044283
冶金工业出版社天猫旗舰店 yjgycbs.tmall.com
(本书如有印装质量问题，本社营销中心负责退换)

前　　言

由于人类的长期持续不断开采和开采规模不断扩大，许多矿山已陆续转向深部开采。为了维持长期的可持续发展战略目标，人们不得不将开采对象转向那些应力环境、地质条件和矿体赋存条件等越来越复杂的矿山，随之而来的是地下开采引起的岩体移动和变形等问题也变得越来越复杂。在地下开采引起的岩体移动和变形问题中，有关高应力区陡倾斜金属矿体崩落法开采所引起的岩体移动规律和机理问题，是研究较少但又非常重要的方面。对于这一问题，国内外至今尚没有成熟的理论成果和便于应用的预测方法，极大地影响了矿山的安全生产。

本书以云南狮子山铜矿为背景，该矿山为典型的高应力区陡倾斜金属矿体崩落法开采，其地应力较高，地质条件复杂，构造发育，矿岩破碎，开采难度极大，工程岩体稳定性差等问题非常突出，严重威胁从业人员的生命健康安全，制约着矿山的安全和经济高效生产。因此对高应力区陡倾斜金属矿体开采的岩体移动规律，以及岩体变形、破坏机理与变形预测等相关问题进行深入研究，显得尤为迫切。

本书由作者独著，共分为7章。内容包括：第1章为绪论，主要介绍了高应力区陡倾矿体开采岩体移动和变形的研究现状；第2章介绍了狮子山铜矿工程地质与采矿概况；第3章研究了矿区三维地应力实测及高构造应力场的反演；第4章分析了采动影响下岩体移动和变形的断层效应；第5章提出了岩体移动综合监测及变形特征与规律；第6章讲述了崩落法开采陡倾矿体地表移动与覆岩冒落的规律与机理；第7章指出了崩落法开采陡倾矿体的岩移趋势，并对岩体移动范围进行了预测。

作者特别感谢云南达亚有色金属有限公司狮子山铜矿的各位领导和技术人员的大力支持和帮助。本书涉及的科研工作获得了云南省"兴滇英才支持计划"青年人才专项项目、云南省基础研究计划面上项目（202201AT070880、2018FB075）、中国石油天然气股份有限公司重大科技攻关项目（2019E-25）、云南省教育厅科学研究基金项目（2022J0065）、昆明理工大学人才培养项目、昆明理工大学分析测试基金重点项目（2021T20200145、KKZ3202367014）、中国博士后科学基金项目（2017M620433）及云南达亚有色金属有限公司横向科研项目的支持，同时，本书还得到了昆明理工大学公共安全与应急管理学院与国土资源工程学院的各位领导和老师的关心和支持，作者在此一并表示感谢。

　　由于作者水平有限，书中若存在不当之处，恳请各位读者予以批评指正。

作　者

2023 年 10 月

目　　录

1 绪　　论

1.1 概　　述

资源与环境是人类赖以生存的基本条件，也是社会和经济发展的重要因素。矿产资源作为我国的基础性产业，在我国一次能源生产与消费结构中始终占主导作用，而且在将来相当长的时期内仍将是我国众多地区的主要产业和经济支柱。作为不可再生资源，由于人类的长期持续不断开采和开采规模不断扩大，矿产资源量正在逐渐减少，很多矿山已陆续转向深部开采。而且为了维持长期的可持续发展战略目标，人们不得不将开采对象转向那些应力环境、地质条件和矿体赋存条件等越来越复杂的矿山，然而随之而来的是地下矿山开采引起的安全问题、环境问题和岩石力学问题等也变得越来越复杂[1-3]。由地下开采引起的大范围岩体移动与地表沉陷可能会威胁到矿区的工农业生产、交通运输及人民生命财产安全，带来严重的社会、经济和环境问题[4-5]。

国内一些复杂高地应力区大型金属矿山，如程潮铁矿、金川二矿区、金山店铁矿、小官庄铁矿、张家洼铁矿、梅山铁矿、凡口铅锌矿等，随着开采深度的增加，开采范围的不断扩大，相继出现了不同程度的地表塌陷。程潮铁矿地表形成筒状塌陷坑，混合井及机房开裂，井筒提前报废，办公楼、材料仓库毁坏报废，山体滑坡，水库坝基开裂加剧，选矿厂房受损。金川二矿区 14 行风井出现倾斜开裂，小官庄铁矿主井倾斜，这些工业建筑物只能提前报废，严重影响了矿山正常生产，使矿山遭受重大的经济损失。大冶铁矿在地下开采的影响下，采空区上方地表发生变形，形成面积约 30000 m²，深 20～35 m 的塌陷坑，龙洞、尖林山及铁门坎等采场区同样发生不同程度的地表塌陷，严重威胁周围村庄人民生命财产安全。这些岩移问题说明原有的岩体移动与变形预测的相关理论已不能满足安全生产的需要[6-7]。

崩落采矿技术由于其生产能力较大、开采强度大、机械化程度高、使用灵活、适用范围广等特点，在我国矿山应用较为广泛，其采出矿石量约占地下矿采出矿石量总量的 35%，并且还有增大的趋势[1]。利用崩落法开采地下矿山，岩体移动和地表变形的程度相对于其他采矿方法来说要大得多，特别是在复杂高地应力和崩落法开采扰动影响下，可能会发生大范围岩体移动，在地表形成大量的地裂缝，严重的可能会突然塌陷，形成塌陷坑。

因此，针对复杂高应力区崩落法开采所带来的岩体移动和地表变形研究及矿山工程稳定性研究成为矿山研究中非常重要的问题。本书所讨论的对象——狮子山铜矿，为典型的高应力区崩落法开采的陡倾斜金属矿山。由于地应力高，矿体形态复杂，体积厚大，围岩松软破碎，断层等结构面发育，岩体移动往往受主要支配性地质构造控制，其地压活动规律、岩体移动及地表变形规律显然与其他类型采矿法有很大的差别，且国内外并无合适的方法可以直接利用。因此，有必要对类似高应力环境下采用崩落法开采的陡倾斜金属矿体引起的岩移规律进行深入探讨，并形成一套适合于该类开采技术条件的岩体移动研究体系。

1.2　国内外矿山开采岩体移动现状

1.2.1　矿山开采岩体移动和变形

对于矿山开采引起的岩体移动和地表沉陷问题，人们最早的认识是在 15～18 世纪，当时比利时烈日城由于地下开采引起地下含水层水源发生流失。但是当时对开采引起的岩移问题只是粗浅认识，对于岩移的特征和发生机制的研究不够。到 20 世纪初，由于开采引起的房屋破坏、地面铁路沉陷及井下透水等事故频繁发生，更引起了人们对矿山岩体移动和开采沉陷问题的高度关注，并开展了一些相关的研究工作[8]。开采引起的岩移问题的研究工作迄今已有一百多年的历史，可以概括为 3 个发展时期[8-9]：

（1）自 1825 年至二战前夕，属于开采沉陷的认识和初步研究时期。

（2）二战以后至 20 世纪 80 年代末期。从 20 世纪 20 年代开始，由于进行了地表水平移动实地观测，从而使岩移理论得到了发展。这一时期属于岩移理论形成时期。

（3）20 世纪 90 年代至今，是矿山开采岩体移动问题的第三次研究热潮。这个时期，国内外通过大量研究表明天然岩体是存在于原始地质构造应力中的非连续、非均质、各向异性且具有时效性的非弹性介质，以往的岩体移动理论无法综合考虑天然岩体的这些属性，因此需要发展一些新的理论。在这一时期，随着高新技术日新月异的发展，各类探测、量测、监测和信息处理技术也有了较大发展。

对于开采岩移问题，人们从不同的角度、按照不同的标准、依据不同的理论和方法进行了大量研究，经历了从实地观测、理论分析到沉陷控制与治理的研究过程，由岩移规律分析到深入研究岩体移动和变形机理，取得了很多研究成果，按其所依据的原理不同可分为 3 类[10]。

1.2.1.1　几何方法类

几何方法类主要是以岩移监测数据为依据而逐渐发展起来的，此类方法便于实际运用，常用的几何方法有概率积分法，典型曲线法和负指数法。

几何方法是开采沉陷学领域内研究最早的方法。多里斯于 1938 年就提出了"垂线理论"。1858 年，比利时学者 Gonot 将"垂线理论"发展为"法线理论"，而后 Dumont 又对法线理论进行了修正，提出了下沉量的计算公式 $W = m\cos\alpha$。后来有诸多的理论和假说被提出，如 1876~1884 年，德国学者 Jlcinsky 提出了"二等分线理论"；1882 年 Oesterr 提出了"自然斜面理论"；1885 年法国学者 Fayol 提出了"圆拱理论"；1895~1897 年 Hausse 提出了"二分带理论"等。这些早期的研究主要通过建立相关的几何理论模型对覆岩移动与地表下沉关系进行了研究[11]。

20 世纪中叶，岩移的几何模型方法的研究取得了较快的发展。苏联的 ВНИМИ 于 1958 年首次提出了采空区上方岩层移动的"三带理论"，并提出了地表变形预测的"典型曲线法"[12]。波兰学者 Burdryk-Knothe 于 1950 年得出了正态分布的影响函数，后被称为"Burdryk-Knothe 法"[13]。克拉科夫矿业学院的学者柯赫曼斯基提出了图解法。Schimizx 等人研究了开采影响的作用面积及其分布带，形成了影响函数的概念。1954 年波兰科学院岩石力学研究院的学者 Litwiniszyn 提出了随机介质理论，把岩石视为不连续介质，首次把随机介质理论引入岩层移动的研究中来，将岩层移动视为一随机过程。Brauner 提出了地表水平移动的影响函数并发展了圆形积分网格法用于地表移动[14]。联邦德国学者 Kratzsch 总结了煤矿开采沉陷的变形预测方法，并出版了 *Mining Subsidence Engineering*[15]。此外，克拉科夫矿业学院的学者克伦恰尔和科伐契克，波兰学者沙武斯托维奇，英国学者奥尔恰德、瓦尔德、贝利和哈克特，德国学者巴尔斯、坎因霍斯特、弗莱申特来盖尔和聂姆契克等人针对开采沉陷做了很多研究工作。这一时期开采沉陷理论处于快速发展的阶段。

20 世纪 60 年代，我国开始了开采沉陷方面的研究，并且在几何方法方面取得了不少成果。刘宝琛、廖国华将概率积分法引入我国，到目前为止仍是煤矿开采沉陷预测的重要方法[16]。刘天泉等人对不同倾角煤层开采引起的岩层移动规律开展了大量的研究[17]，并提出了导水裂隙带概念，建立了导水裂隙带与垮落带的关系式。何国清等人将威布尔型影响函数运用于地表变形预测中[18]。周国铨等人提出了地表移动计算的负指数函数法[19]。邹友峰研究了地表下沉的函数计算方法[20]。戴华阳等人研究了岩层与地表移动的矢量预计法[21-22]。郭增长等人应用随机介质碎块体移动概率对地表下沉进行了研究等[23]。

1.2.1.2　力学方法类

力学方法类主要是应用力学原理对开采沉陷的力学机理进行分析。常见的力学方法类主要包括岩石力学、结构力学、损伤力学、弹塑性力学、断裂力学等，将上覆岩层假定为岩梁、岩板或拱结构。力学方法类还包括以力学原理为基础的数值模拟和相似材料模拟实验等方法。

从 19 世纪末至第二次世界大战，一些初步的关于开采沉陷的力学结构假设被相继提出[24]。1879 年，苏联学者特捷尔提出了拱假设。1907 年，普罗托季亚科诺夫提出了普氏平衡拱。1885 年，法国学者 Fayol 提出了岩梁假设，并研究了岩梁的变形力学机制[25]。Lehmann 提出地表沉陷类似于一个褶皱的过程。Evans 提出了 "voussoir beam" 的概念，并发展了顶板梁稳定性分析方法。Fckardt 认为岩层移动过程是各岩层逐层弯曲的结果。苏联学者 Авершии 于 1947 年建立了地表移动矢量在垂直方向和水平方向间的微分关系式，提出了水平移动与地表倾斜成正比的著名论点[11]。南非学者 Salamon 提出面元理论，并将连续介质力学与影响函数法相结合，为现在的边界元法奠定了基础[26-27]。澳大利亚学者 Barker、Hatt、Sun、Adler、Wright 和 Sterling 等人分别对顶板岩层的变形与破坏机理进行了研究[28]。在这期间，有许多数值分析方法，如有限元法、有限差分法、离散元法及边界元法等也被应用到开采沉陷领域[29-32]。

关于力学方法类，我国学者也开展了大量的研究工作。在 20 世纪 70 年代，钱鸣高等人提出了砌体梁假说，后来又提出了关键层理论和复合关键层理论[33-38]。20 世纪 80 年代，宋振骐提出了传递岩梁假说[39]。谢和平将非线性大变形有限元法应用于岩移的变形预测中[40]。刘天泉研究了矿山岩体采动影响控制工程学及应用[41]。张玉卓对岩层移动的错位理论解及边界元算法进行了分析，并将弹性薄板理论应用于岩层移动的分析中[42-43]。吴立新对托板控制下开采沉陷的滞缓与集中现象进行了分析[44-45]。李增琪建立了用于计算矿压和开采沉陷的三维层状模型[46]。麻凤海等人分析了岩层移动及动力学过程以及岩层移动的时空过程[47-50]。范学理、于广明、赵德深、苏仲杰等人研究了采动覆岩离层与底层沉陷控制技术[51-54]。何满潮应用非线性光滑有限元法分析了岩层移动的问题[55]。刘书贤通过数值模拟研究了急倾斜多煤层开采地表移动规律[56]。于广明将分形及损伤力学应用于开采沉陷的研究[57]。刘文生研究了条带开采采留宽度的合理尺寸[58]。杨硕开展了采动损害空间变形力学预测方面的研究[59]。唐春安研究了岩石破裂过程的灾变问题[60]。刘红元、刘建新等人通过数值模拟分析了采动影响下覆岩的垮落过程[61]。邓喀中等人研究了开采沉陷中岩体的结构效应[62]。张向东等人对覆岩运动时的时空过程进行了分析[63]。陶连金等人对大倾角煤层上覆岩层力学结构进行了分析[64]。钟新谷、梁运培、康建荣、王悦汉、刘开云等人对采动覆岩的动态破坏规律与采动覆岩的组合梁理论进行了研究等[65-70]。

1.2.1.3 其他方法类

其他方法主要包括灰色理论、模糊数学、神经网络、分形理论、粗糙集理论、可拓理论等在开采沉陷中的应用，这些方法对研究岩层与地表移动的复杂问题提供了新的研究思路[40,52,57]。

1.2.2 高应力区陡倾矿体开采岩体移动和变形

1.2.2.1 高应力环境下陡倾矿体开采岩体移动规律

目前，对于高地应力的判定，国内外尚无统一标准。诸多学者从不同的角度分别提出了高地应力的判定方法[4,27-28]，主要可分为定性标准和定量标准两类。定性标准即根据高地应力的地质标志来判别，如巷道围岩的强烈变形和岩爆、钻孔的缩径和饼状岩芯、边坡岩体的台阶式错动、现场试验获得的力学指标高于室内岩块试验参数等[71-72]。定性方法则主要用于无地应力实测地区的应力状态的初步估计，也可与地应力实测结果相互佐证。根据三维地应力实测结果，可将高地应力定量标准分为相对性标准和绝对量值标准（见表1-1）[73-76]。根据狮子山铜矿地应力实测结果及室内岩石力学试验结果，矿区应当属高地应力区范畴。

表 1-1 高地应力定量标准

高地应力判别标准		应力级别	备　注
绝对量值标准	$\sigma_{max} > 20$ MPa	高地应力区	σ_{max} 为最大主应力； σ_{c} 为岩体抗压强度； γ 为上覆岩体平均容重； h 为埋深； I 为主应力第一不变量（实测）； I_0 为主应力第一不变量（自重场）
	$\sigma_{max} = 18 \sim 30$ MPa	高地应力区	
	$\sigma_{max} > 30$ MPa	超高地应力区	
相对性标准	$\sigma_{max} \geqslant \gamma h$	高地应力区	
	$\sigma_{max} \geqslant (1/7 \sim 1/4)\sigma_c$	高地应力区	
	$\sigma_{max} \geqslant (0.15 \sim 0.20)\sigma_c$	高地应力区	
	$I/I_0 = 1.0 \sim 1.5$	一般应力区	
	$I/I_0 = 1.5 \sim 2.0$	较高应力区	
	$I/I_0 = 2.0$	高地应力区	

陡倾斜矿体因为其复杂的构造条件和岩层的产状使得矿体开采覆岩移动模式和地表变形规律与水平煤系地层开采具有很大的不同[71-72]，正是由于陡倾斜矿体开采岩移的复杂性造成这方面的研究成果较少，主要的研究成果表现在以下两个方面：一是陡倾斜开采地表连续移动与变形方面的研究[77-82]；二是陡倾斜煤层开采地表非连续移动与变形方面的研究[10,23,77]。

在复杂高应力环境下的岩体移动规律研究中，苏联对构造应力条件下岩体移动规律与机理开展了大量的研究。20世纪70年代初，苏联学者在乌拉尔铁矿区开展了构造应力对地表岩移参数影响的研究，他们的研究与实践表明，沿用已有煤矿地表移动规律及预测方法对构造应力型金属矿山进行预测，将与实际情况产生较大的误差[83]。国内学者的主要成果有：贺跃光、颜荣贵、曹阳等人针对构造应力型矿山开采引起的地表沉陷规律、巷道稳定性及其变形控制等方面做了一些有益的研究探索[84-88]；李文秀、梅松华、侯晓兵等人将 BP 神经网络、遗传规划方法、模糊测度运用于金属矿开采岩体移动参数及采动影响范围的预测[89-94]；马凤山、赵海军、袁仁茂、邓清海、杜国栋等人在金川二矿区建立了大型地表岩移 GPS 监测系统，在长期岩移监测成果的基础上，运用理论分析、数值模拟、相似模拟及非线性算法等对金川二矿区陡倾斜矿体充填法开采引起的岩体移动规律与变形机理进行了系统的研究[8,95-110]；江文武对金川二矿区深部矿体开采效应进行了研究，分析了深部的复杂高应力特征，并对高构造应力下充填采矿引起的地表变形规律进行了研究[111-112]；黄平路等人探索了特殊地质条件和高构造应力环境下开采引起的岩层移动与地表变形规律和机理，分析了构造应力型矿山程潮铁矿岩层移动规律[113-114]；卢志刚、龚健雄等人针对龙桥铁矿复杂高应力环境的特征，建立了地表沉陷预测模型和基于 GIS 开采沉陷的管理信息系统，对复杂高应力环境下矿体开采引起的地表沉陷规律进行了研究[115]；张亚民、马凤山等人对高应力区陡倾矿体开采引起的岩移变形进行了数值分析，并对高应力区露天转地下开采引起的岩体移动规律进行了分析[116-117]。

1.2.2.2 开采影响下岩体移动的断层效应

地下开采不可避免地引起岩体的移动和变形，将开采区周围岩体看作均质体的岩移规律研究比较成熟[16,118]。然而，当开采空间或附近有断层时，位移的连续性和变形的协调性就会被破坏，导致岩移具有非连续性的特征，如地表出现台阶、陡坎、地表沉降中心偏移，井巷围岩错动、松动、破裂、冒落等特殊现象，这种现象称为岩移的"断层效应"[119-120]。

周全杰和戴华阳指出地表非连续变形的必要条件是断层的存在和开采扰动[121-122]；张玉卓和吴侃认为断层对地表移动特征的影响主要表现在移动范围、移动过程和剖面形态 3 个方面[123]；郭文兵对断层影响下地表裂缝发育范围及特征进行了定量分析[124-125]；赵海军则利用理论分析和数值模拟方法指出当断层位于地下开挖引起岩体变形的拉张区时，无论开挖区位于上盘还是下盘，都会导致地表出现正断层式的错动[126]；魏好指出受断层影响下不同开采顺序导致的地表变形存在差异[127]；任松采用有限元数值模拟方法对盐穴储气库破坏后引起的地表沉陷规律的断层效应进行了研究[128]；蒋建平应用优势面理论对地下工程开采引起的岩移的断层效应进行了探讨，指出并非所有断层在地表都会出现台阶或陡坎，只有具备一定条件的优势断层才能产生特殊的岩移现象[129]。

1.3 狮子山铜矿概况及需解决的关键科学问题

1.3.1 矿区概况

狮子山铜矿隶属云南达亚有色金属有限公司,最早于 1971 年开工建设,1977 年 10 月建成投产,为我国铜业的发展做出了重要的贡献。矿区地应力较高,地质条件复杂,构造发育,矿岩破碎,开采条件复杂。矿体厚度为 20~160 m,主矿体平均厚度为 60 m。矿体倾角为 70°~80°,延伸 1000 多米,为典型的陡倾斜矿体,大范围采用崩落法开采,导致矿山地压控制技术成为难题。经过 40 多年的开采,矿山已经完成了 16 中段以上矿体的回采,开采深度已超过 800 m,随着深部持续开采,开采区域面积和体积持续增大,加上高地应力的影响,开采难度越来越大,工程岩体稳定性问题也更加突出。

2008 年,刚刚建成使用不到一年的 11 中段至 10 中段的通风人行井因突然垮塌而报废,不得不重新掘进新的通风人行井,造成了巨大的损失;2009 年矿区 9 中段板岩矿阶段运输大巷及穿脉巷道出现严重的变形破坏而废弃,严重影响了后续的出矿作业;2009 年矿区主矿体下盘 F₂ 断层受采动影响发生活化滑移,断层上盘一侧的工程像坐船一样随上盘岩体的整体向采空区方向移动,且断层的滑移量逐渐增大,截至 2010 年 4 月,F₂ 断层的滑移量达 0.5 m。

2009 年,在地表西部 55 号剖面至 60 号剖面出现台阶状的下沉陡坎,靠近空区的一侧山体出现整体下沉破坏;2012 年,在矿区地表沉陷区布置了 GPS 监测点,结果表明各测点地表沉降和水平移动速率正在急剧增加,地表沉陷正处于活跃发展期;2013 年 10 月与 2015 年 4 月分两次对矿区地表地裂缝进行了详细的实测编录,从 2013 年至 2015 年地裂缝的发展变化来看,地裂缝并没有随开采的向下延伸而趋于稳定,相反,矿区地表裂缝的变形无论是在分布范围还是在对地表的破坏程度上都出现了增长的事实,尤其是上盘方向(地表东南部),地裂缝有继续增长或恶化的趋势。

这些井下工程与地表的稳定性问题显然与采动影响下的岩体移动有关。这些问题为矿山的安全敲响了警钟,研究复杂高应力区崩落法开采陡倾斜矿体引起的岩体移动规律、机理和变形机理就成为摆在科研人员面前亟待解决的重要问题之一。

目前,对于煤矿开采引起的岩体移动及预测问题,国内外都进行了长期深入的研究,其中许多成果应用于生产实际并取得比较好的成效[15-16,22,118,130-138]。陡倾斜金属矿体开采引起的岩体移动与平缓的煤矿矿体开采有着显著的区别,由于国内外有关煤矿的岩体移动及变形预测方法,都是建立在原岩应力以自重应力为主的基本假设之上的,这对于水平沉积非金属矿来说是合理的,但对于陡倾斜金属矿体的岩体移动，特别是高构应力环境下陡倾斜金属矿体崩落法开采引起的岩体移动问题来说却无法解决。

然而，对金属矿山岩体移动与地表变形方面的研究工作还十分薄弱，尤其是对复杂高应力区陡倾斜金属矿体崩落法深部持续开采引起的岩体移动及变形预测研究更少。现有的大部分有关岩体移动与变形预测的理论，对于像狮子山铜矿这样的高应力区陡倾矿体崩落法深部持续开采矿山引起的岩移问题来说很大程度上并不适用。随着矿山深部持续开采规模的扩大和向深部的拓展，在复杂高地应力作用下将会面临更加严重的岩体变形、破坏问题，特别是矿山已有开拓系统、通风系统等井巷围岩的变形、破坏问题，井下断层活化灾变问题，地表沉陷问题等[139-142]。

本书依托于昆明理工大学与云南达亚有色金属有限公司的研究课题——狮子山铜矿深部持续工程地压活动规律及岩石移动规律研究，针对狮子山矿区发生的工程地质现象，将工程地质调查、现场监测、理论分析、数值模拟、非线性预测等方法有机地结合起来，从岩移规律、采动影响、现象发生机理及变形预测方面进行了深入的研究，研究成果不仅为矿山深部持续安全开采提供了理论基础，而且也是对金属矿山开采沉陷理论体系的进一步完善和有益补充。

1.3.2 需解决的关键科学问题

在总结前人研究成果的基础上，针对目前复杂高应力环境下陡倾斜矿体崩落法开采岩移研究中存在的一些问题和深入研究遇到的难点，结合狮子山铜矿的工程实践中遇到的工程地质现象，通过开展现场调查、数值分析、断层活化滑移监测、地表沉陷监测、数值模拟、非线性预测及理论分析等研究，本书拟解决以下关键科学问题：

（1）高应力区陡倾斜矿体崩落法持续开采引起的岩体移动特征与形成机制；

（2）采动影响下岩体移动的断层效应，包括断层活化及其屏障效应的影响因素以及采动诱发断层活化的规律与机理；

（3）高应力环境下陡倾斜矿体崩落法持续开采岩体移动趋势与范围预测。

2 狮子山铜矿工程地质与采矿概况

2.1 区域地质

2.1.1 大地构造位置

狮子山铜矿位于云南省易门县小街乡，地处易门、双柏、禄丰三县交界。距易门县城 51 km，距昆明市 89 km，距成昆铁路禄丰站 52 km，交通便利。

矿区以南与元江断陷盆地相邻，以东是昆明凹陷带，以北与禄武断陷盆地相邻，从震旦纪、古生代到中生代沉积了一整套地层，绿汁江断层以西是元谋—新平古陆，上部被中生代红层所覆盖，基底为大红山群地层。矿区范围内，昆阳群地层出露占 90%以上，仅局部为中生代红层所覆盖。

2.1.2 区域地层

矿区内出露的昆阳群地层，可分 7 个组，总厚达 10000 m 以上，是一套浅海相碎屑岩建造与碳酸盐建造，各组地层的基本特征自上而下分述于下：

（1）绿汁江组，厚 1184~2260 m。上部为凤山段厚到中厚层青灰色白云岩、薄层灰岩，其中青灰色硅条白云岩含叠层石。下部为狮山段紫色层，紫色层之上为狮山含矿泥砂质白云岩，是本区主要含矿层之一。紫色层之下与峨腊厂组为沉积间断或断层接触。

（2）鹅头厂组，厚 1713 m。主要由一套灰、深灰到灰绿色板岩组成，中下部夹白云岩与砂质条带，顶部有一层薄层灰岩。鹅头厂组与落雪组为整合关系。

（3）落雪组，厚 20~228 m。下部为灰白色白云岩和泥砂质白云岩，上部为青灰色白云岩，是本区主要含矿层之一。落雪组与因民组为整合过渡。

（4）因民组，厚 400~834 m。下部为紫灰色砂板岩互层，上部为紫灰色砂质白云岩板岩互层，狮子山砂岩矿分布于砂板岩互层的砂岩中。因民组与美党组为断层接触。

（5）美党组，厚 2752 m。以深灰色板岩为主，下部为砂板岩，北部板岩中在小街一带出露灰岩或白云岩一层。美党组与大龙口组为整合过渡。

（6）大龙口组，厚 2353 m。分布于矿区东部，由一套深灰色薄至中厚层灰岩、白云质灰岩组成，中上部含叠层石。在下伏地层老吾一带可见过渡关系。

（7）黑山头组，本区出露不全，厚度大于 700 m。黑山头组分布于本区最东部，由一套板岩与砂板岩互层组成，在老吾一带与大龙口接触处出现一套火山岩系。

晋宁运动以后，本区相对平静，一直延到燕山运动又有活动，这个时期的活动主要表现是叠加在晋宁期北北西断层之上，错动了中生代红层，具有反时针水平扭动作用的特征，破坏了矿体，是成矿后断层。

本区矿床属著名的东川式沉积变质铜矿，矿床矿点的分布，可分东西两个矿带。东部矿带，分布于因民落雪地层组合、浅紫交互带的白云岩与泥砂质白云岩中，少量分布于砂岩中，其特点是矿点分布广，数量多，但一般较贫，不仅分布于本区，而且遍布整个康滇地轴，是铜矿主要含矿层，狮子山矿床分布于该带中。西部矿带位于绿汁江底部的狮山层，也是浅紫交互的泥质白云岩含矿，该矿带主要分布于易门区已探明储量的 70% 以上。

2.1.3　区域构造

昆阳裂谷中主要发育有南北向的主干断裂和北西向、近东西向的次级断裂，相互交切成网格状，南北向的主干断裂主要有元谋—绿汁江断裂、汤郎—易门断裂、普渡河断裂、小江断裂和昭通—曲靖隐伏断裂。易门断陷盆地位于由元谋—绿汁江断裂、普渡河断裂所夹持的武定—易门—元江裂陷槽中段，裂陷槽内部被南北向的汤郎—易门断裂和东西向的贯穿断裂切割呈网格状。

矿区位于易门断陷盆地的西侧，受东西向挤压作用力的影响，形成南北向构造体系，褶曲断裂十分发育。断裂主要由绿汁江大断裂和汤郎—易门大断裂组成。两断裂北延至四川，长达 100 km 以上，是川滇南北向构造体系几大断层之一，也是本区主要的骨干构造。次一级构造，按方向可分为南北、北北东、北北西与东西向 4 组。南北向构造，分布于绿汁江大断层东侧，由一组紧密的背向斜与逆断层组成，是绿汁江大断裂伴生构造；北北东向构造由数量众多的褶皱组与压性纵断层组成；北北西构造由一组压扭性断层组成；东西向构造主要分布于易门矿区南部，由走向延伸较短的断层和褶皱组成。

狮子山矿床赋存于北北东向构造组的狮子山背斜的轴部，矿床外围地处北北西向断层组及北北东向的褶皱组发育部段，如图 2-1 所示。

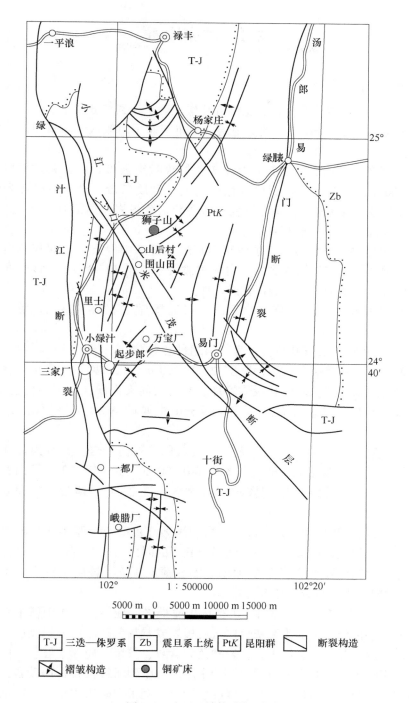

图 2-1 矿区区域构造纲要图

2.2　矿床地质

2.2.1　地层

狮子山矿床出露均为元古界昆阳群地层，现从新到老分述于下：

（1）鹅头厂组（PtKe）：此组地层，分布于狮子山倾伏倒转背斜之两翼，出露不全。

（2）灰色层（PtKe₂）：上部为深灰色的枚状绢云母板岩，具水平层理，厚度大于 100 m，中部为深灰到黑灰色板岩夹粉砂质条带，具水平层理和细斜层理，厚度为 50~100 m，下部为灰色板岩夹紫灰色板岩，局部有（杉老岭以东）灰岩，并有铜矿作用，厚 10~30 m。

（3）黑色层（PtKe₁）：为黑色炭质板岩夹薄到中厚层状的深灰色白云岩或泥质白云岩数层，与下伏落雪白云岩为过渡关系，厚 30~250 m。该层在背斜倾伏端的白云岩或板岩中，有铜矿化或矿体。

（4）落雪组（PtKl）：分布于狮子山倾伏倒转背斜的倾伏端及两翼，此组地层细分为 3 小层：

1）青灰色白云岩（PtKl₃）：为落雪组的主体岩层，厚至巨厚层状，常见硅质条纹或条带，含叠层石数层，厚度为 20~160 m。北西翼厚，南东翼变薄。此层上部颜色逐渐变黑。泥质和炭质增加，有时层间夹泥膜；向下与白色层过渡。颜色变浅，到白色层。在背斜顶端，狮子山主要矿体为①号矿体，分布于该层中。

2）白色层（PtKl₂）：为灰、灰白、浅灰色厚层白云岩，有时为含硅质白云岩。此层与下部过渡层也是渐变关系，厚 0~30 m。主要分布于狮子山背斜的北西翼，而南东翼变薄到尖灭，是狮子山主要含矿层之一，"飘带矿"即分布于此层与过渡层中。

3）过渡层（PtKl₁）：为浅灰、灰白、浅肉红色薄至中厚层状泥砂质白云岩夹绿灰或灰色的板岩薄层或薄膜。此层与其下的因民组是渐变过渡关系，一般厚 0~20 m；分布于背斜面的北西翼而南东翼变薄至尖灭。该层是狮子山主要含矿层之一，"飘带矿"也分布于此层中。

（5）因民组（PtKy）：是狮子山矿床出露最老的地层，分布于狮子山倾伏倒转背斜的中心部位，上部为紫灰色白云质板岩或紫灰色砂质白云岩互层，下部为白云质砂板岩互层，在互层中，板岩颜色为紫灰、灰紫、局部紫红色，白云质砂岩颜色为肉红色，其间夹有数层厚层到中厚层、中到粗粒长石石英砂岩，该砂岩颜色由浅灰、灰白、白色到紫灰、紫红色均有。狮子山矿床的砂岩矿即赋存于浅色中粒长石石英砂岩中。

2.2.2 构造

狮子山矿床，为一轴向 N50°~60°E 的紧密倒转背斜构造，背斜核部为因民紫色层，两翼分别为落雪白云岩与鹅头厂板岩，该背斜除地层对称外，在落雪白云岩中叠层石指向与紫色层中韵律指向均说明是一背斜构造，背斜的形态，北西翼岩层走向 N50°~60°E，倾向倒转为南东，倾角为 70°~80°；南东翼岩层走向N40°~50°E，倾向亦倒转为北西，倾角为 70°~80°，是一个陡倾角的扇形背斜。该背斜向北东急剧倾伏，倾伏达 70°~90°。

在狮子山背斜倾伏端，形成次一级的，一系列背向斜与断层，构成狮子山矿床成矿十分有利的场所。次一级的背向斜，主要由三个向斜与四个背斜组成，该背向斜组，均向北东倾伏，倾伏角与大背斜一致，为 80°~90°。在次一级背向斜的转折点附近，有一系列微型褶皱，一般大小在 10~100 cm 之间，有时为 1 cm以下，即在 1 m 的范围内多达几十个。这些褶皱构造与配套的裂隙、节理是成矿的有利场所。

断裂构造主要集中于狮子山背斜的倾伏端，按性质可分 3 组：NE 向纵断层组，NW 向横断层组与背斜顶端软硬岩石之间的层间破碎带。

NE 向纵断层组主要的有 FL_1、FL_3、FL_4 三个断层。FL_1 断层位于第一个背斜与第一个向斜之间（注：背向斜编号是由 NW 向 SE 顺序进行，以下同）。断层走向 N40°E，倾向 SE，倾角为 75°，断层 NW 盘向 NE 推，SE 盘向 SW 移，错距达 100 m。沿断层贯入辉绿岩脉，宽 2~10 m，辉绿岩中，局部有铜矿化作用，是成矿前断层。FL_3 断层位于第三个向斜的核部，即落雪白云岩与鹅头厂板岩的接触线上，走向 N50°E，倾向 SE，倾角 70°~80°，是一个层间破碎带，受断层影响，板岩破碎成角砾状与压碎泥，沿破碎带矿体明显增富，是一个成矿前断层。FL_4 断层位于第三个向斜与第四个背斜之间，走向 N50°E，倾向 SE，倾角 70°~80°，断层上盘向 NE 错，下盘向 SE 移，错距达 600 m，是该区最大的断层，沿断层与大致平行断层有几条辉绿岩脉贯入，在断层带两侧矿化明显富集（如 5 中段）。该断层对狮子山主矿体（即①号矿体）与鹅头厂底部（即③④号矿体）矿体的形成，具有重要的作用。

NW 向横断层组，主要的有：分布于主矿体的有 F_5、F_7；分布于杉老岭的有F_{14}~F_{16}；分布于大凹子的有 F_{13}。断层走向 N30°~50°W，向 NE 或 SN 倾斜，均属水平位移，错距不大，为 10~40 m。除在背斜端点的 F_5 断层为反时针错动外，其他均为顺时针扭动。

在背斜顶端软硬岩石之间的层间破碎带，主要有 F_4、F_6。其中 F_4 断层位于3 号背斜顶端落雪白云岩与鹅头厂板岩接触线，属背斜形成时的层间滑动，沿该断层破碎带，矿体富集，是成矿有利场所。F_6 断层位于 4 号背斜顶端落雪白云岩与鹅头厂板岩接触线，与 F_4 断层相似，也对矿体起富集作用。但该断层在后期有 NW 向横断层顺时针扭动的叠加，错断 FL_4 断层，错距达 20 m。

狮子山矿床构造的初步分析如下：该区矿床构造与区域地质构造一样，其中对矿山深部开采影响比较大的优势断层组为 NE 向纵断层组，位于主矿体下盘 F_2 断层、F_3 断层、F_4 断层、FC_2 断层及 FC_3 断层。其中 F_2、F_3 断层从 10 中段延伸至 15 中段，延伸 200 多米，其中在 11 中段、12 中段工程揭露较多，F_4 断层从 6 中段延伸至 18 中段，为炭质板岩软弱夹层，FC_2、FC_3 断层为一对平行的控矿断层组，位于 18 中段以下，将深部矿体向右错断，各断层产状见表 2-1。

表 2-1　狮子山铜矿主矿体下盘主要断层产状

断层编号	走向/(°)	倾向/(°)	倾角/(°)
F_2	222	132	69
F_3	221	131	71
F_4	219	129	78
FC_2	272	182	35
FC_3	311	221	33

2.2.3　岩浆活动

狮子山矿床，岩浆活动种类比较简单，仅有辉绿岩脉分布在狮子山背斜核部、两翼及顶端，常沿 NE 向纵断层、SN 向横断层及层间破碎带贯入，呈岩墙状和岩柱状，颜色较深，呈灰黑带绿色。矿物成分为辉石、斜长石、黑云母及少量角闪石。此种脉岩与围岩界线有时清楚，有时不够清楚，在侵入于颜色较浅较纯的白云岩中时，界线比较清楚，暗色脉岩周边部分可见到数十厘米至 1 m 左右的褪色蚀变带和白云岩重结晶的粗晶体，在侵入颜色较深的岩层中时，界线就不甚清楚。与围岩发生交代置换和变质作用后，似乎呈渐变过渡状态。岩脉中常有黄铁矿呈星点状分布，局部岩脉的边部有黄铜矿化，品位低，达不到工业品位。根据易门矿区其他地方三叠系底部见到此类岩脉的砾石及狮子山矿床本身岩脉的分布与该背斜的共生关系，推定此脉岩生成时代应属晋宁期。

2.2.4　变质作用和围岩蚀变

本区属元古界昆阳群古老地层，一般变质较浅，主要为区域变质作用，表现在白云石产生重结晶作用，为细到中粒白云岩；泥质岩变为绢云母板岩，部分达千枚岩化板岩；砂岩中砂砾次生加大，尚未达到石英岩的程度。围岩蚀变也较弱，围岩蚀变作用有矽化、碳酸盐化、白云石重结晶与褪色。矽化作用广泛分布于狮子山矿床中。矽化作用强的地段，一般白云岩石英脉又较发育，矿化作用也强。碳酸盐化主要位于砂岩中，与 FL$_4$ 有共生依附关系，距 FL$_4$ 近则强，距 FL$_4$ 远则弱，对砂岩矿再次富集起了重要作用。白云石重结晶与褪色作用仅局部出现，常在与辉绿岩接触带附近，在白云石重结晶与褪色的地段，亦有矿化作用。

2.2.5 成矿特征

砂岩矿与飘带矿，受层控，其中砂岩矿与滇中红层砂岩矿的特征基本一致，位于浅紫交互的浅色砂岩中，根据掌握的岩相剖面结构特征与其他资料显示，其应属河流相。飘带矿分布于紫色到浅色的过渡带中，岩性特征为薄到中厚层状，具水平层理与波状层理，下伏地层为陆缘盆地沉积，上伏地层为潮间带沉积，因此飘带矿应属潮上坪沉积环境，主矿体与板岩矿，则不同，不受岩相控制，位于背斜鞍部与断层发育地段，离开了背斜鞍部向两翼则无矿。区域水文地质条件无明显影响。

2.3 水文地质

2.3.1 地层

因民组，下部层为紫灰色砂板岩，其间夹一条 30~40 m 厚的灰白色、肉红色中粒长石石英砂岩，上部层为紫灰色板岩白云岩互层。本组地层厚达 720 m，长石石英砂岩是矿区的脉状裂隙含水层，除长石石英砂岩外属本矿区主要隔水层。

落雪组，为肉红色、灰白色、青灰色白云岩，厚度约 150 m，断层裂隙发育，沿断层裂隙局部地段具有涌水、滴水现象，是本矿区的主要脉状裂隙含水层。

鹅头厂组，下部层为炭质板岩、白云岩互层，白云岩本身为含水地层，但白云岩层薄，且上下有灰黑色炭质板岩互层，取隔水保护，地表无水体补给，仅靠大气降水渗透补给量极为有限，上部层为灰绿色板岩夹砂岩条带。地层厚达 1000 m 左右，是本矿区主要的隔水层。

2.3.2 构造

狮子山褶皱构造为一北北东倒转的复式背斜，断裂构造为北东和北西向的两组压扭性剪切断裂，断层破碎带较窄或无破碎带，除 FL$_4$ 断层以外，断距不大，北东向断层不含水，北西向断层有的含水，但断层规模较小。矿区主要矿体赋存于落雪组白云岩中。上盘为几百米厚的因民紫色层隔水层，下盘为千余米厚的鹅头厂组隔水层，矿区北东端由于 FL_4 断层断距在 300 m 以上，鹅头厂组隔水层也与因民紫色层相接触，致使矿区北东端为隔水层所封闭。仅矿区南西方向落雪组白云岩延伸出开采范围，落雪组白云岩延伸至大凹子，横断层将白云岩含水层断移 130 m 左右，使白云岩北西盘直接与鹅头厂组的炭质板岩层相接触，南东盘的白云岩直接与因民组紫色层板岩相接触。

2.3.3 矿区地形地貌及地表水系

狮子山矿区的汇水面积比较小，地形坡度比较大，非常利于雨水沿坡形成径流；而且含水层出露的面积都不是很大，在含水层的上下盘围岩中，东端均有隔水层封闭，地表没有江河渠坝等存在。大气降雨经裂隙下渗作为矿坑内的主要水补给，且地表的透水地层出露面积都很小。因此，矿区水文地质条件属裂隙充水的简单类型。

2.4 矿岩物理力学性质

2.4.1 岩石物理力学性质

在采空区围岩岩体结构调查的基础上，选取有代表性的矿岩，进行了室内岩石力学实验，实验结果见表 2-2。

表 2-2 狮子山铜矿室内岩石物理力学实验结果

岩性	密度 /g·cm⁻³	平均干燥抗压强度/MPa	平均抗拉强度/MPa	弹性模量/MPa	泊松比
青灰色白云岩	2.85	79.50	4.25	$8.22×10^4$	0.269
褪色白云岩	2.84	43.61	5.94	$7.45×10^4$	0.280
矿体	2.84	104.37	4.20	$4.53×10^4$	0.214
紫色板岩	2.63	62.22	4.52	$4.34×10^4$	0.284
炭质板岩	2.70	48.81	3.97	$4.12×10^4$	0.350

2.4.2 岩体物理力学性质

以室内岩石力学试验为基础，综合考虑岩体中节理裂隙、岩体结构、地下水和尺寸效应的影响，即以室内试验得出的岩石物理力学参数和岩体质量评价

RMR 值为基础, 运用霍克-布朗 (Hoek-Brown) 强度准则将岩块力学参数进行折减修正来估算岩体力学参数, 最终确定的矿岩宏观岩体物理力学参数见表 2-3。

表 2-3 狮子山铜矿矿岩宏观岩体物理力学参数表

岩性	密度 $\rho/g \cdot cm^{-3}$	弹性模量 E/GPa	泊松比	抗拉强度 σ_t/MPa	黏聚力 c/MPa	内摩擦角 $\varphi/(°)$
青灰色白云岩	2.85	20.0149	0.269	2.1966	2.6110	41.99
褐色白云岩	2.84	13.0620	0.280	2.1796	2.5504	34.05
矿体	2.84	17.8847	0.214	2.2527	2.9637	47.42
紫色板岩	2.63	4.5676	0.284	1.0431	1.5710	31.68
炭质板岩	2.70	2.2416	0.350	0.9298	1.3848	35.42

2.5 采矿概况

2.5.1 采矿方法

根据矿体赋存状况及开采技术条件采用的采矿方法如下:

(1) 有底柱振机出矿阶段崩落法。有底柱振机出矿崩落法采场垂直矿体走向布置, 采场长度为矿体水平厚度, 宽为 13~15 m, 阶段高度为 50 m, 底柱高为 8 m, 出矿巷道间距为 13~15 m, 漏斗间距为 6~7 m。适用于矿岩属中等稳固且矿体厚大、边界较齐整的急倾斜矿体。采场生产能力为 400~500 t/d。狮子山铜矿主矿体和飘带矿满足矿体完整、边界整齐、厚度大于 20 m 的部分可选用该方法。

(2) 有底柱电耙出矿分段崩落法。有底柱电耙出矿分段崩落法底柱高 6 m, 采场垂直矿体走向布置, 采场长度为矿体水平厚度, 宽为 10~20 m, 分段高 20~30 m, 耙巷间距 10 m, 漏斗间距 6 m。适用于矿区中矿石性质稳固或不稳固、厚度大于 10 m 的中厚急倾斜矿体。采场生产能力为 100~200 t/d。

2.5.2 开采情况

狮子山矿区矿体倾角为 70°~80°, 属于陡倾斜矿体, 矿体厚度为 20~160 m。设计采选规模为 1700 t/d, 现实际生产规模为 1750~2200 t/d。矿山于 1977 年 10 月投产, 到 2006 年 6 月底, 累计完成采掘总量 1369 万吨、采矿量 1024 万吨、掘进量 30 万米, 累计生产精矿含铜 9.22 万吨。矿山地表最高标高为 2143 m, 一期工程设计标高为 1807~1587 m (4 中段至 8 中段), 采用平硐—溜井、辅助竖井、索道运输方案，设计出矿能力为 1750 t/d，已回采结束。二期工程设计标高为 1587~1337 m（8 中段至 13 中段），采用盲竖井开拓方案，设计出矿能力为 1000 t/d。三期工程设计标高为 1337~1237 m（14 中段至 15 中段），采用盲斜井开拓方案，设计出矿能力为 1000 t/d，三期工程基本回采结束。四期工程设计标高为 1237~787 m（16 中段至 24 中段）。图 2-2 为狮子山矿区 1237 m 标高（15 中段）平面示意图，图 2-3 为矿区 40 号剖面工程剖面图。

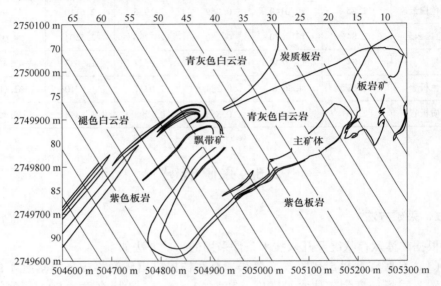

图 2-2　狮子山矿区 1237m 标高（15 中段）平面示意图

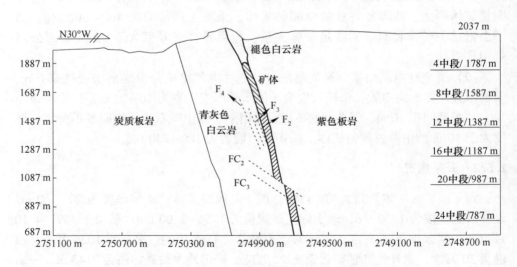

图 2-3　狮子山矿区 40 号剖面工程地质剖面图

矿山工程地质、水文地质背景及采矿情况决定了矿区岩体和地表的移动变形规律。本章主要介绍了研究对象狮子山铜矿的工程地质背景与采矿概况，具体包括狮子山铜矿的区域地理位置、矿区自然地理条件、矿区构造、地层岩性、节理裂隙情况、水文地质情况、环境地质情况、矿体赋存条件、矿岩岩石力学性质及狮子山铜矿的矿体开采情况与采矿方法等。

3 矿区三维地应力实测及高构造应力场的反演

矿山地下工程的稳定性与其所处区域的地应力分布规律关系很大，原岩应力的方向和大小显著地影响围岩的变形与破坏。随着地下开采规模的不断扩大和开采深度的不断增加，地应力对工程稳定性的影响表现得更加突出[44-45,143]。因此，开展矿区现场三维地应力实测，分析地应力场分布特征与规律，对于矿山开采稳定性具有重要作用。

3.1 矿区三维地应力实测及结果分析

3.1.1 测试仪器

矿区三维地应力测量采用中国科学院地质力学研究所研制的空心包体三轴地应力测量系统，使用的仪器为 KX-81 型空心包体三轴应变计（见图 3-1）和 DYL-16 型空心包体地应力测量仪（见图 3-2）。

图 3-1　KX-81 型空心包体三轴应变计示意图

KX-81 应力计的外径为 35.5 mm，工作长度为 150 mm，可安装在直径为 36~38 mm 的小钻孔中。应力计是由嵌入环氧树脂筒中的 12 个电阻应变片组成。将 3 组应变花（每组应变花有 4 个应变片）沿环氧树脂筒圆周相隔 120°粘贴。应力计有一个环氧树脂浇注的外层，它使电阻应变片嵌在筒壁内，其外层厚度约为 0.5 mm。

图 3-2 DYL-16 型空心包体地应力测量仪

图 3-3 为空心包体应变计示意图，图 3-4 为应变花位置分布示意图。环氧树脂筒有一个足够大的内腔，用来装黏结剂，另有 1 个柱塞。使用时，将圆筒内腔

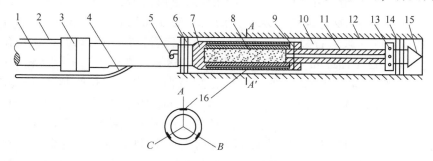

图 3-3 空心包体应变计示意图

1—安装杆；2—定向器导线；3—定向器；4—读数电缆；5—定向销；6—密封圈；
7—环氧树脂筒；8—空腔：内装黏结剂；9—固定销；10—应力计与孔壁之间的空隙；
11—柱塞；12—岩石钻孔；13—出胶孔；14—密封圈；15—导向头；16—应变花

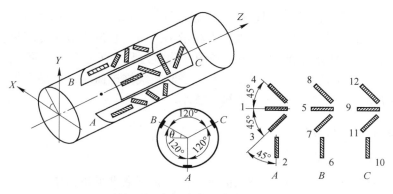

图 3-4 应变花位置分布示意图

装满黏结剂，然后将柱塞插入内腔约 40 mm 深处，用铝丝将其固定。柱塞的另一端有一导向定位棒，以使应力计顺利安装在所需要的位置上。将应力计送入钻孔中预定位置后，用力推动安装杆，可使铝丝切断，继续推进可使黏结剂经柱塞小孔流出，进入应力计和钻孔孔壁之间的间隙里。经过一定的时间，黏结剂完全固化后，即可进行套芯解除。

3.1.2 测点布置

地应力测点应尽量布置在未受工程扰动完整的岩体内，尽量远离较大的硐室或采空区，避开应力集中区域，测量应尽量在 3 个或 3 个以上水平进行，以便于研究地应力分布特征随深度变化的规律[144]。

根据以上原则，结合井下实际情况，在狮子山矿区深部 4 个水平上布置了 4 个测量地点，分别是：（1）D1（1537 m 水平）测点埋深为 608 m，测点选择在主要运输石门中，距主井 138.7 m，岩性青灰色白云岩，钻孔倾角为−4°，钻孔方向 S52°W；（2）D2（1437 m 水平）测点埋深为 708 m，测点位于回风石门中，距 10 中段至 11 中段人行井 8 m，岩性青灰色白云岩，钻孔倾角为−3°，钻孔方向 N15°E；（3）D3（1387 m 水平）测点埋深为 758 m，测点位于主要运输石门中，距 12001 阶段运输大巷 39 m 处，岩性青灰色白云岩，钻孔倾角为−3°，方向 N63°E；（4）D4（1237 m 水平）测点埋深 908 m，测点选择在 15 中段 15001 阶段运输大巷中，距 1 号北川 6 m，岩性青灰色白云岩，钻孔倾角为−43°，方向 S36°E。各测点除 11 中段和 12 中段新掘进了专用测量硐室外，其余 2 个测点均选择在弃用的配电硐室中。专用测量硐室的规格为 3.1 m×2.0 m×4.0 m，钻孔均在测量硐室的端面上，测量钻机采用 TXU-150A 型油压钻机，各测点的水平投影位置如图 3-5 所示。

3.1.3 实测过程

由于应力解除法应用时间较长，应用范围广，测试步骤相对简单。因此已形成一套标准化的测量程序，本次地应力测量仍按照空心包体地应力测量程序来进行，图 3-6 为应力解除法测量步骤示意图。测量过程中采用红外测距仪准确测量大孔的深度，以保证应变计推进到大孔孔底时减缓推进速度，准确了解应变计进入小孔的距离。图 3-7 为现场实测部分照片。

3.1.4 测量结果与分析

3.1.4.1 应力解除过程曲线

在现场实测过程中，应变数据能够随时记录到数据采集器中，这样能够了解数据的详细变化过程，便于对数据进行准确分析。实测曲线能够反映套芯钻进过

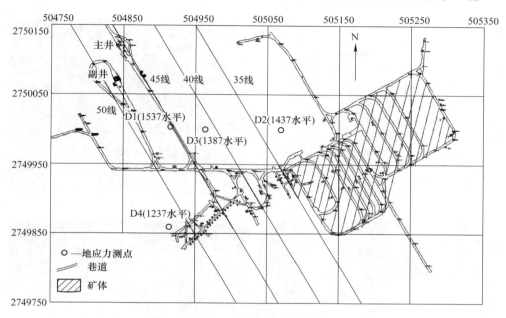

图 3-5　狮子山铜矿地应力测点水平投影位置图（单位：m）

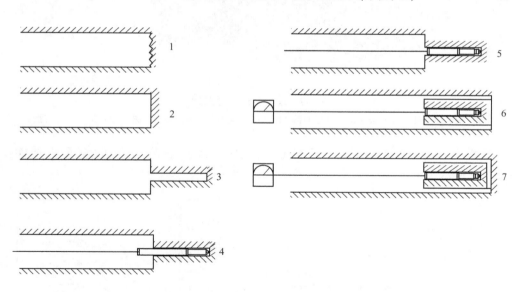

图 3-6　应力解除法测量步骤示意图

1—打大孔；2—磨平孔底；3—打小孔；4—安装应变计；
5—应变计推进到底；6—解除；7—应力解除完毕

程中 KX-81 型空心包体应变计中 12 个不同方向应变片随解除距离的应变变化情况，是计算地应力的依据。在应力解除全过程中，一般每钻进 20～30 mm，采集

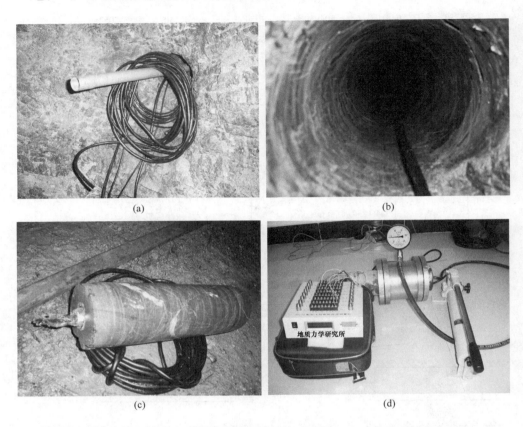

(a)   (b)

(c)   (d)

图 3-7 现场实测部分图片

（a）安装应变计；（b）安装应变计后的钻孔图；（c）应力解除后完整岩芯图；（d）围压率定实验

一次数据，应力解除结束后，绘制出应力解除曲线。各测点的应力解除曲线如图 3-8 所示。

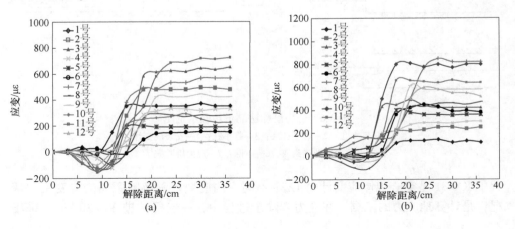

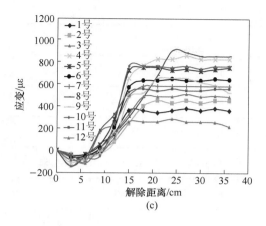
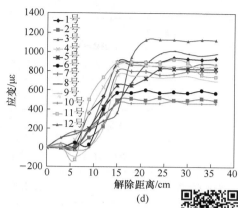

图 3-8　各测点应变-解除距离变化曲线

（a）测点 D1 地应力解除过程曲线；（b）测点 D2 地应力解除过程曲线；

（c）测点 D3 地应力解除过程曲线；（d）测点 D4 地应力解除过程曲线

查看彩图

3.1.4.2　地应力实测结果

应力解除结束后，对带有应力计的岩芯进行围压率定实验，结合室内岩石力学实验综合确定用于应力计算的有效弹性模量和泊松比（见表 3-1）。应力解除时应变并没有直接粘贴在钻孔岩壁上，修正系数 K_i（$i = 1 \sim 4$）由钻孔半径 R，应变计内直径，应变片嵌固部位直径，围岩的弹性常数 E、μ 和环氧树脂层的弹性常数 E_1、μ_1，通过相关公式[144-145]计算确定。将各参数输入专用数据处理软件，通过计算可得到矿区各测点主应力的大小和方向（见表 3-2）。

表 3-1　各测点弹性模量和泊松比计算值

测点编号	D1	D2	D3	D4
弹性模量/GPa	53.65	72.17	76.89	75.34
泊松比	0.45	0.39	0.23	0.37

表 3-2　各测点主应力大小和方向

测点编号		D1	D2	D3	D4
最大主应力 σ_1	数值/MPa	29.79	37.45	39.36	45.63
	方位/(°)	169.39	335.45	153.02	345.75
	角度/(°)	-1.37	0.27	6.97	3.17

测点编号		D1	D2	D3	D4
中间主应力 σ_2	数值/MPa	16.85	19.87	23.14	28.68
	方位/(°)	-4.36	44.91	75.62	-14.97
	角度/(°)	78.05	83.25	-75.14	71.07
最小主应力 σ_3	数值/MPa	11.21	14.63	15.21	19.52
	方位/(°)	261.23	67.58	255.43	72.68
	角度/(°)	8.46	6.75	-3.26	4.65

3.1.4.3 地应力测量结果分析

通过对所测矿区 4 个水平 4 个测点的应力实测数据综合分析，对狮子山矿区地应力分布规律有以下几点认识：

(1) 各测点的 3 个主应力中，中间主应力基本接近垂直方向，其中 15 中段测点倾角最小，为 71.07°，11 中段的测点倾角最大，为 83.25°，4 个测点平均倾角为 76.88°。另外 2 个主应力接近于水平方向，其倾角均小于 10°，最大值为 9 中段测点倾角，为 8.46°。

(2) 在近水平方向的两个主应力中，其中有一个是最大主应力。即各测点的最大主应力均位于近水平方向。4 个测点中，最大主应力倾角分别为 1.37°、0.27°、6.97°和 3.17°。各测点最大水平主应力与垂直主应力比值的平均值为 1.74，说明矿区地应力场以水平构造应力为主导。下面将位于近垂直方向的主应力称为垂直主应力（σ_v），而位于近水平方向的 2 个主应力分别称为最大主应力（$\sigma_{h,\ max}$）和最小主应力（$\sigma_{h,\ min}$）。

(3) 最大主应力的走向基本与区域构造应力场最大主应力的方向一致。4 个测点的最大主应力方向均为 NNW—SSE 向，说明矿区原岩应力最大主应力优势方向为 NNW—SSE 向，基本与矿体走向方向垂直，最大主应力与最小主应力比值的平均值为 2.54，二者在量值上相差较大，表明主应力优势方向较为明显。

(4) 各测点最大、最小及垂直主应力都大于 0，均为压应力，没有出现拉应力的现象。垂直主应力与自重应力的比值，除 9 中段测点小于 1 外，其余 3 个测点均大于 1（平均值为 1.08）。说明垂直主应力基本上等于或者略大于自重应力。

(5) 最大主应力、最小主应力和垂直主应力的大小均随深度呈线性增加，并且最大主应力的增加速率大于垂直主应力和最小主应力的增加速率（见

图 3-9），再次表明矿区最大主应力的影响具有明显的主导性。3 个方向地应力值（MPa）随深度 $H(\mathrm{m})$ 的线性回归方程为：

$$\sigma_{h,\,\max} = -0.0163 + 0.0511H \tag{3-1}$$

$$\sigma_{h,\,\min} = -0.3883 + 0.021H \tag{3-2}$$

$$\sigma_v = -0.6018 + 0.0307H \tag{3-3}$$

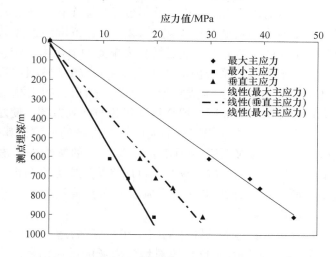

图 3-9　主应力随深度变化回归曲线

（6）根据矿区地应力实测结果、室内岩石力学试验结果及高地应力定量标准[73-76]，矿区应当属高地应力区范畴。

3.2　高构造应力区岩体初始应力场数值模拟与反演方法

3.2.1　关于模拟边界条件的讨论

初始地应力场是一个受多种因素影响和相互作用的复杂系统。目前关于地应力的测量方法较多，但是要精确表征地应力场却很困难。初始地应力场是研究许多岩石力学问题的基本条件和重要依据。地下工程数值计算中，初始地应力场模拟也是首先关注的问题，如何合理地模拟岩体初始地应力场，在岩体力学中一直作为一个重要的问题存在着[27-28,144]。数值模拟的初始地应力场与实际地应力场吻合得好坏，是决定地下工程数值模拟是否成功的基本条件之一。尤其对于高构造应力区地质体中的工程开挖问题，初始地应力场模拟的好坏将直接影响到最终计算结果的正确性。

在岩体稳定性数值分析过程中，一般需要选取岩体中的某一区域来建立数值计算模型，用一定的边界条件去取代原始介质的连续状态，这种替代方式的合理与否将很大程度上决定计算结果的准确性。数值分析中，一般根据有限的地应力实测值和地貌、地形等资料，并根据地应力场分布的一般特征，来回归拟合并获得较为合理的初始应力场，并作为进一步分析的基础。数值计算过程中赋地应力值的方法可概括为以下几种：（1）已知模型内部某些点的地应力实测值，给定位移边界条件，按一定的规律将该点应力差值分布到整个模型中，对分布应力场进行计算反演，获得最终的初始地应力场。（2）计算范围内按照某种回归方程直接计算每个计算单元的初始应力，然后转化为单元的节点力，结合位移边界条件和应力边界条件，平衡模型系统内的应力场。（3）给定模型位移边界条件和力边界（面力或节点力）条件，生成初始应力场；然后，利用测量点的应力值对力边界条件进行计算调整，最后，拟合得到新的初始应力场，使之与观测点的地应力吻合。（4）基于初始应变能理论的初始地应力场的反演，其基本思路是：认为将有构造应力存在的地质体作为具有部分弹性体的属性去考虑是比较合理的，因此在数值模拟反演初始地应力场时，可以将构造应力作为内力施加在模型内部，即对模型内所有单元体采用三角形应力分布初值设置，而非在边界上施加，以此来模拟构造应力场[27-28,144]。

本书试图通过分析位移边界条件（见图 3-10）、应力边界条件（见图 3-11）、混合边界条件（见图 3-12 和图 3-13）等对地应力场的反演结果的影响，从而分析出反演自重应力场及水平高构造应力场的最佳方法。

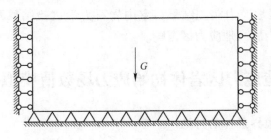

图 3-10 位移边界条件示意图

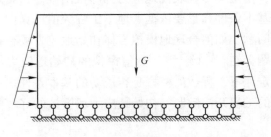

图 3-11 应力边界条件示意图

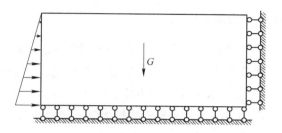

图 3-12 混合边界条件（左应力右位移）

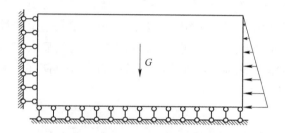

图 3-13 混合边界条件（右应力左位移）

3.2.2 计算工况及模型构建

当模型边界条件与实际情况不同时，常常会因为计算模型边界条件存在的误差而导致计算结果出现误差，这种计算误差通常称为边界效应。为了消除过近对边界效应的影响，左右边界向外扩展一定距离，作为平面应变问题考虑，计算模型长 3000 m、高 1400 m、宽 50 m。经过反复试算，在这一尺寸下，边界效应对模型的影响小到可以忽略。由于地表地形对模拟结果影响较小，因此，在模型的概化过程中，将地表概化成水平地表。

计算围岩宏观力学参数采用狮子山铜矿青灰色白云岩力学参数，见表 2-3。

为了研究初始地应力场反演过程中的边界效应，计算模拟采用以下边界条件：（1）位移边界条件如图 3-10 所示，即在数值模拟计算中，固定模型左右边界的水平方向的位移，固定模型底部的位移，顶部为自由表面；（2）应力边界条件如图 3-11 所示，模型左右施加梯形（当仅考虑自重时为三角形）；（3）混合边界条件如图 3-12 和图 3-13 所示，模型底部固定竖向位移，左右边界分别为三角形分布的水平分布面力和水平向位移约束；（4）基于初始应变能理论的初始地应力场的反演，即在位移边界条件的基础上，将构造应力作为内力施加在模型内部，即对模型内所有单元体采用三角形应力分布初值设置。

3.2.3 高构造应力场模拟与反演

针对本书所研究内容，在后续计算分析时，需分别用到有限差分法 FLAC3D[146-147] 和离散单元法 3DEC[148]，因此在高构造应力场反演方法及矿区地应力场反演过程中，本书分别采用两种方法进行了分析。

3.2.3.1 基于 FLAC3D 有限差分法的构造应力场的反演

A 基于位移边界条件的初始地应力场的反演

采用有限差分法 FLAC3D 计算位移边界条件下模拟的自重应力场垂直应力和水平应力分布分别如图 3-14 和图 3-15 所示。计算结果表明：应力等值线水平展布，走向稳定，等值线间隔几乎相等，从地表至模型底边呈线性分布，整体模拟效果达到了预期的应力状态。但同一高程的自重应力明显大于水平应力，最大主应力为竖直方向，表明此种方法在模拟自重应力时效果良好，但不能用于水平高构造应力场的模拟。

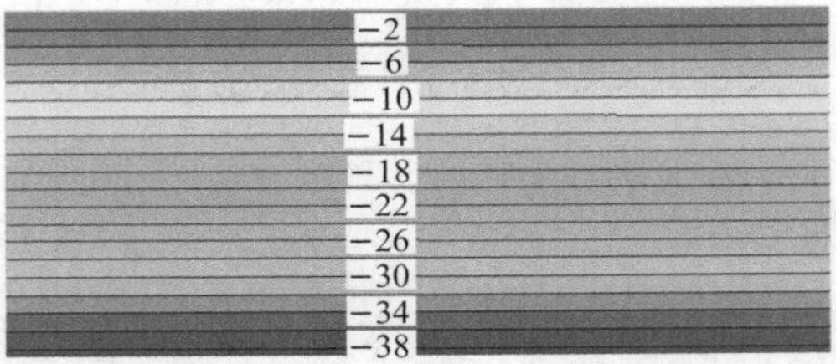

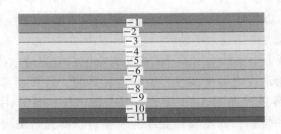

图 3-14 位移边界条件下垂直应力分布（单位：MPa）

图 3-15 位移边界条件下水平应力分布（单位：MPa）

图 3-16 为位移边界条件下初始地应力场主压应力迹线分布图。从局部放大图上看到最大主应力均为竖直方向，水平方向为最小主应力。计算可知最大主压应力随深度的增加而增加，表明位移边界条件可以较好地模拟自重应力场，但不能较好地模拟水平高构造应力场。

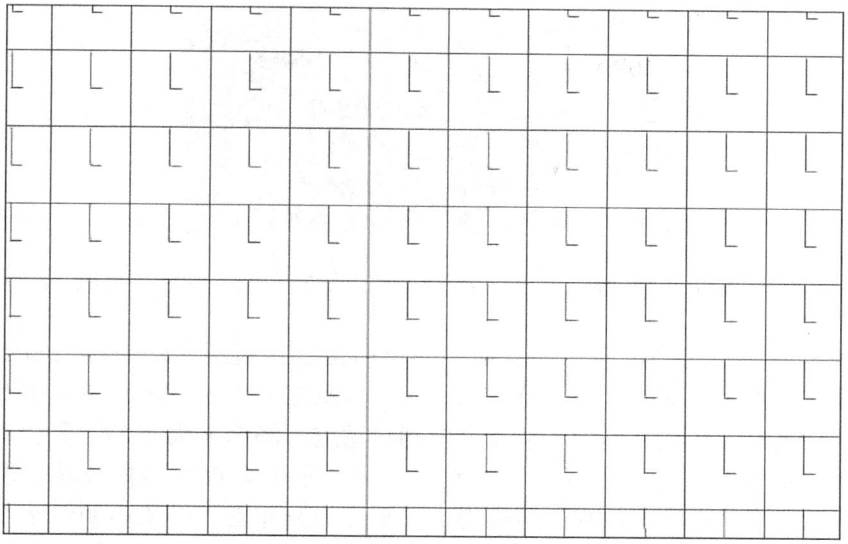

图 3-16 位移边界条件下模型中部主压应力迹线分布图

B 基于应力边界条件的初始地应力场的反演

通常，实测的地应力场是在自重体积力存在的条件下由构造运动产生的一种应力场，尤其是在高构造应力区，岩体的原岩应力状态特征总是与显著的构造应力状态特征相联系。在一般情况下，最大主压应力 σ_1 与最小主压应力 σ_3 方向均为近水平取向，中间主应力 σ_2 在数值上等于 γh，基本上不受构造运动影响。在数值模型中，自重体积力通常作为一种体积力进行赋值，但是对构造应力条件的处理办法存在分歧。初始应力场模拟是指复原其采矿工程活动前（如开挖）的应力状态，如果将构造应力作为边界应力加载在模型边界上，如前所述，以三角形应力施加在模型左右边界，并保持边界应力大小不变，边界单元与模型内部单元接触面的节点力向内传递，使得模型外表面上的分布力与其内力平衡，那么这种边界力作用下就会形成图 3-17 和图 3-18 所示的主应力分布情况。

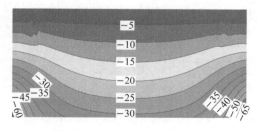

图 3-17 应力边界条件下垂直应力分布（单位：MPa）

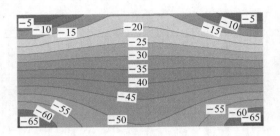

图 3-18　应力边界条件下水平应力分布（单位：MPa）

图 3-17 为模型底边界水平滑动束缚竖向位移，模型两端采用三角形分布荷载模拟边界应力下垂直应力分布图，图中自重应力等值线图在模型中部基本上呈水平走向，且线性增加，但模型两端自重应力场明显大于理论值，且应力等值线分布并不理想。图 3-18 为模型底边界水平滑动束缚竖向位移，模型两端采用三角形分布荷载模拟边界应力下水平应力分布图，结果表明：水平应力高于自重应力，虽然能够模拟水平高构造应力，但除模型中部最大主压应力呈水平分布外，模型上部和下部均未呈水平走向分布，且模型中间部位较下部分的最大主压应力远低于理论值，而较上部分又远高于理论值，可见，左右侧边界上采用分布面力的应力边界条件不能够较好地模拟水平高构造应力场，是不可取的。

C　基于混合边界条件的初始地应力场的反演

图 3-19（a）、图 3-20（a）分别为分布面力施加在模型左、右侧时混合边界条件下垂直应力分布图，图中可以看出，远离模型施加三角形分布面力的端部，自重应力等值线呈线性增加，一旦靠近该端部，自重应力等值线便发生变异，尤其是在施加分布面力侧，竖直位移等值线起伏较大，自重应力值远大于理论值。因此，此种边界条件不能较好地模拟自重应力场。图 3-19（b）、图 3-20（b）分别为分布面力施加在模型左、右两侧时混合边界条件下水平应力分布图，图中模

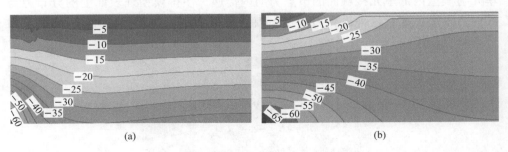

(a)　　　　　　　　　　　　　　　　(b)

图 3-19　混合边界条件下应力场分布（分布面力施加在模型左侧）（单位：MPa）

（a）垂直应力分布；（b）水平应力分布

型施加分布面力侧端部的较小范围内，模拟结果与预期结果较好，一旦离开该端部，水平应力等值线迅速变异，表现为：在水平位移约束侧浅部等值线过于密集，但在深部等值线又过于稀疏。矿体附近的水平应力低于预期结果，水平应力等值线越往深部越偏斜，等值线间隔在不同位置变化大，表明模拟得到的水平应力梯度变化不均匀。综上分析，混合边界条件既不适于模拟自重应力场，也不适于模拟水平高构造应力场。

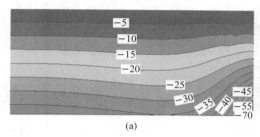 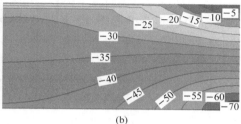

(a)　　　　　　　　　　　　　　　　(b)

图 3-20　混合边界条件下应力场分布（分布面力施加在模型右侧）（单位：MPa）

(a) 垂直应力分布；(b) 水平应力分布

D　基于初始应变能理论的初始地应力场的反演与验证

在地质力学中，构造应力场是指形成构造体系和构造型式的地应力场，包括构造体系和构造型式所展布的地区，连同它内部在形成这些构造体系和构造型式时的应力分布状况。形成构造应力场的原因非常复杂，它在空间的分布极不均匀，而且随着时间的推移还不断发生变化，属于非稳定的应力场。但是相对于开挖或采矿等小尺度工程范围来说，可以忽略形成构造应力场条件的变化，将它视为相对稳定的区域应力场进行简化和分析。

从传统的弹性理论和弹塑性理论看，在构造运动和自重体积力作用下因产生位移做了相应功，除塑性变形功不能转化为应变能外，地质体主要以弹性变形的方式储存应变能。近年来不少学者基于能量的观点对岩石变形破坏过程及地震发生中的能量耗散与能量释放进行了研究[149-150]，使得能量观点在岩体变形破坏的分析中得以应用。

如将岩体看作弹性体，从理论上说，岩体中包含某一点的微小单元单位体积具有的应变能可表示为：

$$W = \frac{1}{2}\sigma_{ij}\varepsilon_{ij} = \frac{1}{2}(\sigma_1\varepsilon_1 + \sigma_2\varepsilon_2 + \sigma_3\varepsilon_3)$$

$$= \frac{1}{2E}\big[\sigma_{11}^2 + \sigma_{22}^2 + \sigma_{33}^2 - 2\nu(\sigma_{11}\sigma_{22} + \sigma_{22}\sigma_{33} + \sigma_{33}\sigma_{11}) +$$

$$2(1+\nu)(\sigma_{12}^2 + \sigma_{23}^2 + \sigma_{31}^2)\big] \tag{3-4}$$

式（3-4）可改写为：

$$W = \frac{1}{2}\lambda\theta^2 + G\varepsilon_{ij}\varepsilon_{ij} = \frac{1}{2}(\lambda + \frac{2}{3}G)\theta^2 + G\varepsilon_{ij}\varepsilon_{ij}$$
$$= W_V + W_F \qquad\qquad\qquad (3\text{-}5)$$

式中，W_V 为体积应变能；W_F 为形状改变应变能；$\theta = \varepsilon_{ij} = \varepsilon_{11} + \varepsilon_{22} + \varepsilon_{33}$。

如式（3-5）所示，在工程开挖后的二次应力场形成过程中，受开挖影响的地质体中某单元体同时发生体积改变和形状改变。也就是说，体积改变弹性比能 W_V 和形状改变弹性比能 W_F 通常都会发生变化。岩体变形破坏实质上是能量转化的过程[151-152]，开挖过程中相应地质体所储存的弹性应变能总体上必然会发生变化。

通过前面的讨论，将有构造应力存在的地质体作为具有部分弹性体的属性去考虑，在理论上是比较合理的。因此，在数值法反演初始地应力场时，可以将构造应力作为内力施加在模型内部，即对模型内所有单元体采用梯形应力分布初值设置，以此来模拟构造应力场，并在位移边界条件的情况下进行初始水平构造应力场的反演。

图 3-21 为初始地应力场中垂直应力等值线分布图。从图上可以看出，垂直应力从地表向下呈线性增加，应力迹线水平展布，走向稳定，自重应力计算值与理论值较为吻合。图 3-22 为初始地应力场中水平压应力等值线分布图，图中水平应力从地表向下呈线性增加，应力迹线较平直，水平展布，等值线间隔也很均匀，走向稳定，水平应力模拟结果与预期吻合较好。

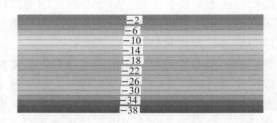

图 3-21　初始应变能理论下垂直应力分布（单位：MPa）

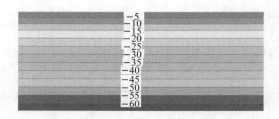

图 3-22　初始应变能理论下水平应力分布（单位：MPa）

图 3-23 为初始地应力场主压应力迹线分布图。从局部放大图上看到最大主应力均为水平方向，垂直方向为中间主应力，满足预期要实现的水平构造应力为最大主压应力的初始应力场特征量的条件。

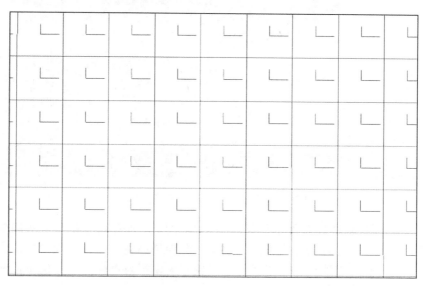

图 3-23 初始应变能理论下模型中部主压应力迹线分布图

3.2.3.2 基于 3DEC 离散单元法的构造应力场的反演

A 基于位移边界条件的初始地应力场的反演

采用离散单元法 3DEC 计算，位移边界条件下模拟的自重应力场垂直应力和水平应力分布分别如图 3-24 和图 3-25 所示。计算结果与 FLAC3D 计算结果类似：应力等值线水平展布，走向稳定，等值线间隔几乎相等，从地表至模型底边呈线

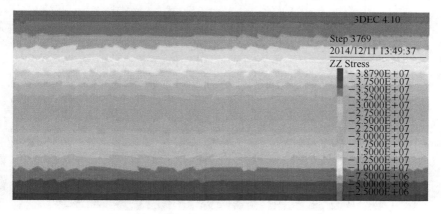

图 3-24 位移边界条件下垂直应力分布

性分布，但同一高程的自重应力明显大于水平应力，最大主应力为竖直方向，表明此种方法在模拟自重应力时效果良好，但不能用于水平高构造应力场的模拟。

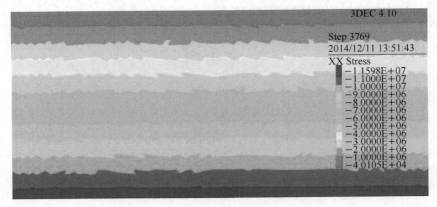

图 3-25 位移边界条件下水平应力分布

图 3-26 为位移边界条件下初始地应力场主压应力迹线分布图。从局部放大图上看到最大主应力均为竖直方向，水平方向为最小主应力，最大主压应力随深度的增加而增加，表明位移边界条件可以较好地模拟自重应力场，但不能较好地模拟水平高构造应力场。

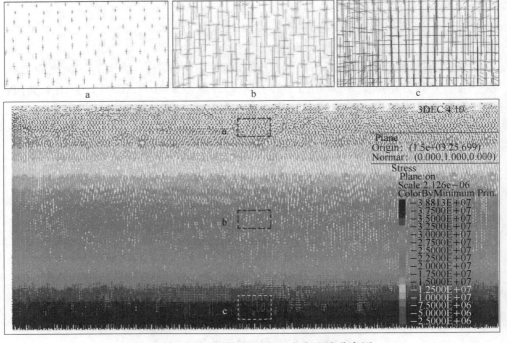

图 3-26 位移边界条件下主压应力迹线分布图

B　基于初始应变能理论的初始地应力场的反演

在位移边界条件下，将构造应力作为内力施加在模型内部，即对模型内所有单元体采用梯形应力分布初值设置，以此来进行初始水平构造应力场的反演。图 3-27 为初始地应力场中垂直应力等值线分布图。从图上可以看出，垂直应力从地表向下呈线性增加，应力迹线水平展布，走向稳定，自重应力计算值与理论值较为吻合。图 3-28 为初始地应力场中水平应力等值线分布图，图中水平应力从地表向下呈线性增加，应力迹线较平直，水平展布，等值线间隔也很均匀，走向稳定，水平应力模拟结果与预期吻合较好。

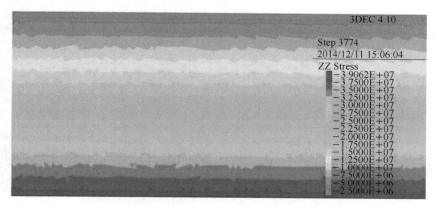

图 3-27　初始应变能理论下垂直应力分布

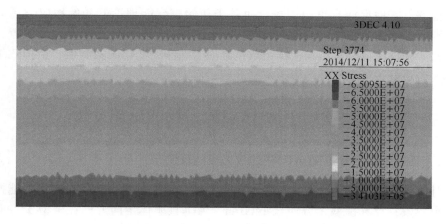

图 3-28　初始应变能理论下水平应力分布

图 3-29 为初始地应力场主压应力迹线分布图。从局部放大图上看到最大主应力均为水平方向，垂直方向为中间主应力，满足预期要实现的水平构造应力为最大主压应力的初始应力场特征量的条件。

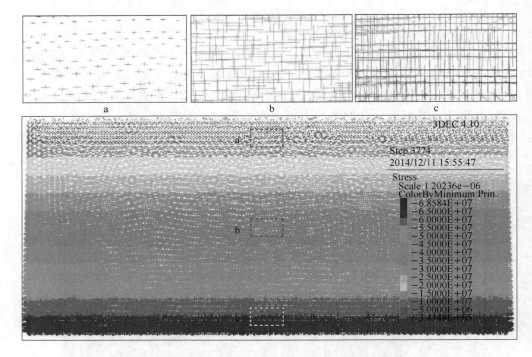

图 3-29　初始应变能理论下主压应力迹线分布图

综上分析，在用有限差分法 FLAC3D 和离散单元法 3DEC 分析时，位移边界条件能够较好地反演自重应力场；而基于初始应变能理论的初始地应力场的反演，即在位移边界条件下，计算域内所有单元体采用梯形应力分布初值设置，即设定初始弹性应变能状态，使满足或拟合应力随深度变化的实测值，模拟效果与实际吻合最好，能够较好地模拟水平高构造应力场。

3.3　狮子山矿区地应力场的反演分析

3.3.1　基于有限差分法 FLAC3D 的应力场的反演

计算模型以矿体为中心，计算域上边界取至地表，地表起伏形态尽可能按实际地形建模；计算模型 X 方向长 1400 m，为垂直矿体走向方向；模型 Y 方向长 1500 m，为沿矿体走向方向；模型 Z 方向为竖直方向，模型底部标高 687 m，模型最大高度为 1430 m。模型共包括 394713 个单元体和 411825 个节点，计算模型和矿体形态分别如图 3-30 和图 3-31 所示。计算采用莫尔-库仑（Mohr-Coulomb）弹塑性本构模型。计算模型 X 方向两端约束 X 方向位移，模型 Y 方向两端约束 Y 方向位移，模型底部固定位移，模型顶部为自由边界。地应力按矿区实测地应力

（式（3-1）～式（3-3））施加在模型内部，施加方法为在位移边界条件下，对模型内所有单元体采用三角形应力分布初值设置，最大主应力为 X 方向，最小主应力为 Y 方向，竖直方向为中间主应力。各岩性宏观岩体力学参数见表2-3。

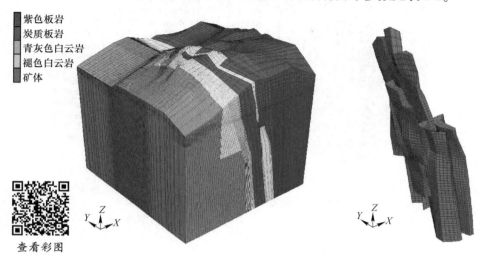

图 3-30　矿区三维有限差分数值模型

图 3-31　矿体形态

查看彩图

图 3-32 和图 3-33 分别为初始应力平衡后模型最大主应力云图和最小主应力云图，图 3-34 为主压应力迹线分布图。初始平衡后，最大主应力为 X 方向，垂直于矿体走向方向，最小主应力为 Y 方向，沿矿体走向方向，中间主应力为 Z 方向，与地应力实测主应力方向一致。根据地应力实测位置，在模型内部地应力测点处布设监测点，以分析初始应力平衡后各监测点的主应力数值与地应力实测值之间的关系，见表3-3。

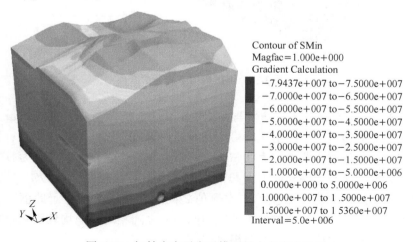

Contour of SMin
Magfac=1.000e+000
Gradient Calculation

$-7.9437e+007$ to $-7.5000e+007$
$-7.0000e+007$ to $-6.5000e+007$
$-6.0000e+007$ to $-5.5000e+007$
$-5.0000e+007$ to $-4.5000e+007$
$-4.0000e+007$ to $-3.5000e+007$
$-3.0000e+007$ to $-2.5000e+007$
$-2.0000e+007$ to $-1.5000e+007$
$-1.0000e+007$ to $-5.0000e+006$
$0.0000e+000$ to $5.0000e+006$
$1.0000e+007$ to $1.5000e+007$
$1.5000e+007$ to $1.5360e+007$
Interval$=5.0e+006$

图 3-32　初始应力平衡后模型最大主应力云图

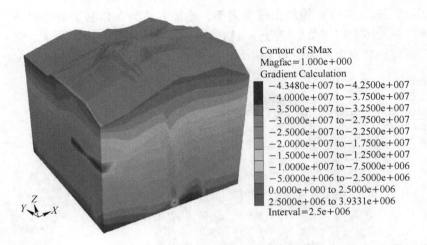

图 3-33 初始应力平衡后模型最小主应力云图

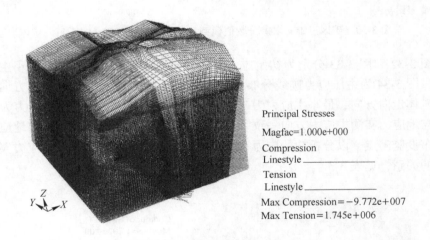

图 3-34 主压应力迹线分布图

表 3-3 为各测点地应力反演值与实测值对比表，分析可知，各测点最大主应力反演值与实测地应力回归值之间最大相对误差为-8.10%，为 D3 测点；各测点中间主应力反演值与实测地应力回归值之间最大相对误差为 9.25%，为 D3 测点；最小主应力反演值与实测地应力回归值之间最大相对误差为-18.29%，为 D1 测点，其他测点最小主应力反演值与实测值之间的相对误差均小于此值，总体来看，各测点的主应力反演值与实测地应力回归值之间相对误差均处于±20%以内，表明矿区水平高构造应力场反演效果良好。

表 3-3　各测点地应力反演值与实测值对比表

测点		最大主应力 σ_1	中间主应力 σ_2	最小主应力 σ_3
D1	实测值/MPa	29.79	16.85	11.21
	反演值/MPa	30.23	15.57	9.16
	相对误差/%	1.48	−7.60	−18.29
D2	实测值/MPa	37.45	19.87	14.63
	反演值/MPa	38.95	21.35	16.28
	相对误差/%	4.01	7.45	11.28
D3	实测值/MPa	39.36	23.14	15.21
	反演值/MPa	36.17	25.28	17.36
	相对误差/%	−8.10	9.25	14.13
D4	实测值/MPa	45.63	28.68	19.52
	反演值/MPa	46.12	27.04	20.29
	相对误差/%	1.68	−5.72	3.94

3.3.2　基于离散单元法 3DEC 的应力场的反演

计算采用大型三维离散单元法软件 3DEC，以矿体为中心，剖面计算域的上边界都取到地表，下边界取到地表以下 1400 m，即模型地表标高 2037 m，模型底部标高 687 m；为了消除过近对边界效应的影响，左右边界向外扩展一定距离，作为平面应变问题考虑，在矿体走向厚 50 m。计算尺寸为 3000 m× 1400 m×50 m。在模型的概化过程中，将地表概化成水平地表。图 3-35 为 40 号剖面断层与矿体分布示意图，图 3-36 为 3DEC 模型横剖面逻辑块体分布图。

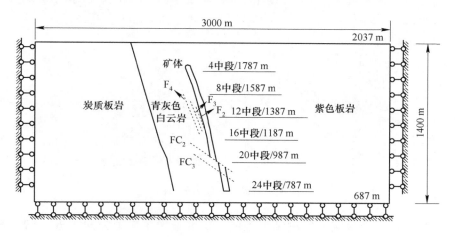

图 3-35　40 号剖面断层与矿体分布示意图

计算矿岩力学参数见表 2-3，断层的力学参数为：黏聚力 0.2 MPa，内摩擦角 20°，剪切刚度 0.60 GPa，法向刚度 0.26 GPa，抗拉强度 0.4 MPa。地应力按矿区实测回归地应力（式（3-1）~式（3-3））施加在模型内部，施加方法同第 3.3.1 节。

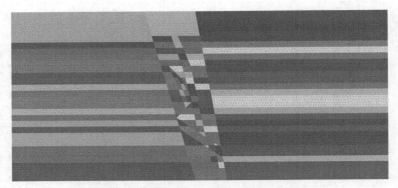

图 3-36　3DEC 模型横剖面逻辑块体分布图

图 3-37 和图 3-38 分别为初始应力平衡后模型最大主应力和最小主应力分布图，图 3-39 为模型主压应力迹线分布图。结果表明：（1）最大主应力为水平方向，从地表向下呈线性增加，应力迹线较平直，水平展布，等值线间隔也很均匀，走向稳定，水平应力模拟结果与实测回归地应力吻合较好；（2）在断层处应力场分布发生了异常，最大主应力平行于断层倾向，最小主应力垂直于断层。

图 3-37　最大主应力分布图

（1）矿区三维地应力实测结果表明，矿区最大主应力方向为近 NNW—SSE 向，与矿体走向近为垂直，最小主应力接近于平行矿体走向，而垂直主应力为中

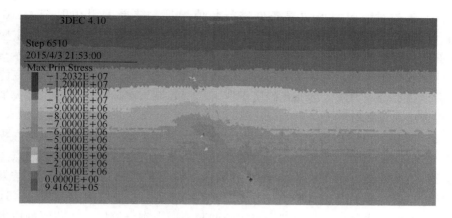

图 3-38 最小主应力分布图

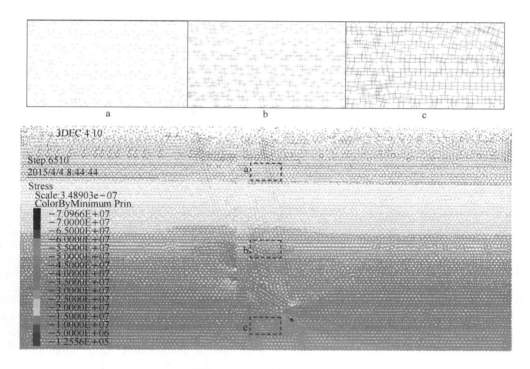

图 3-39 主应力迹线分布图

间主应力。最大水平主应力整体上大于垂直主应力，说明矿区以水平构造应力场为主导，矿区最大水平主应力、最小水平主应力和垂直主应力均随深度几乎呈线性增长的关系。垂直主应力基本上等于或略大于自重应力。根据水平应力随深度的变化规律，矿区基本上属于高地应力区范畴。

（2）通过对地应力场边界条件进行数值模拟，结果表明在用 FLAC3D 和 3DEC 计算时，位移边界条件在模拟自重应力场中效果良好，应是模拟自重应力场的首选；而基于初始应变能理论的初始地应力场的反演，即在位移边界条件下，计算域内所有单元体采用梯形应力分布初值设置，即设定初始弹性应变能状态，满足或拟合应力随深度变化的实测值，模拟效果与实际吻合最好，是模拟水平高构造应力场的首选。

（3）采用 FLAC3D 建立矿区三维力学模型，并将实测回归地应力施加在模型内部，数值反演表明，各测点主应力的方向与实测地应力方向一致，各测点主应力的反演值与实测回归值在允许误差范围内，表明矿区构造应力场反演结果良好，能够适合后续的开挖计算。采用 3DEC 建立矿区 40 号剖面力学模型，通过数值反演表明，水平应力模拟结果与实测回归地应力吻合较好，在断层处应力场分布发生了异常，最大主应力平行于断层倾向，最小主应力垂直于断层。

4 采动影响下岩体移动和变形的断层效应

4.1 断层对岩移的屏障效应及发生机制

在地下矿山开采中，将采空区周围岩体看作均质体的岩移规律研究比较成熟[7,16]。但是，当开采空间或附近有断层存在时，位移的连续性和变形的协调性就会被破坏，在断层及附近一定范围呈现出特殊的岩移规律[153-154]。即使一次性开挖引起围岩位移场、应力场的改变也不一定是一下就能形成的，而是一个动态的过程。从这个意义上说，就像位移、应力在由近及远地传播。研究发现，在大规模的地下采矿过程中，开采影响范围内分布的断层会成为岩体移动、变形和采动应力传播的屏障[126,155-156]，很多现象的发生都与这种屏障机制有关。

狮子山矿区主矿体下盘岩移受优势断层控制明显，断层的存在已经严重影响到下盘部分开拓工程和通风工程的稳定性，因此有必要对开采影响下岩体移动和变形的断层效应及其影响因素进行研究，进而分析矿区深部持续开采诱发断层活化的规律与机理。

4.1.1 断层屏障效应的发生机制

开采区围岩中如果有断层存在，断层就会对开挖引起的应力场、位移场特征造成影响。一般来说，断层尺寸越大，这种影响越显著。场的存在形式和实物一样，也是分为空间和时间[157]，地下开采引起的岩体移动、变形和破坏由近及远向外扩展。开采引起的每一点应力大小变化也是由近及远逐渐恢复至初始平衡状态。位移场和应力场的这种渐变特征主要缘于围岩体内发生的弹塑性变形及岩体结构面间的摩擦制动作用，当坚硬岩体破碎程度较高时，岩体势能的变化除转化为一定的弹性变形外，主要消耗在与塑性变形和结构面摩擦作用有关的变形功中。因此在均质体中开挖时，开挖区围岩应力场和位移场应具有渐变性和对称性等特征。当开挖区外围岩中存在断层时，一定范围内岩体的势能会发生变化，在变化过程中，由自重体积力所做的功，一方面消耗在断层的摩擦作用和断层的滑移变形上，同时造成断层两侧岩体位移场和应力场不连续分布；另一方面也导致靠近断层一侧开挖区的围岩具有位移量大、应力状态差（应力较高）的特点，使得整体的几何、物理对称性都被破坏。

4.1.2 采动影响下断层面对岩移的屏障效应的数值分析

4.1.2.1 数值模型的设计与计算参数

为了研究开采条件下断层面上下盘开挖，断层面对地应力场、位移场特征的影响，采用三维离散单元法数值模拟软件 3DEC 对采动断层效应进行分析，设计数值计算模型尺寸为 1600 m×800 m×50 m，开采区高 200 m，水平厚度 50 m，埋深 400 m，断层面倾角为 70°，断层面上、下盘开挖条件下的数值几何模型如图 4-1 所示。

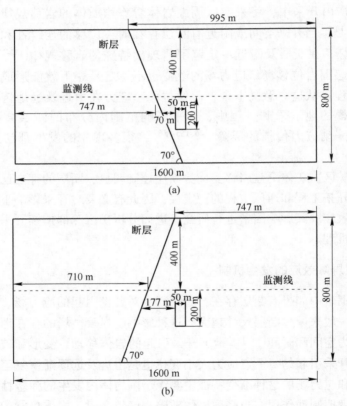

图 4-1 数值几何模型

（a）断层上盘开挖；（b）断层下盘开挖

作为平面应变问题，在模型的两侧约束水平位移，模型底边界约束竖直位移，模型纵向约束全部位移，模型上边界为自由表面。不考虑水平构造应力条件，仅在自重应力场中初始平衡后进行开挖计算。计算参数见表 4-1。

表 4-1 数值模拟计算参数

岩性	密度 $\rho/\text{g}\cdot\text{cm}^{-3}$	剪切刚度 /GPa	法向刚度 /GPa	抗拉强度 σ_t/MPa	黏聚力 c/MPa	内摩擦角 $\varphi/(°)$	弹性模量 E/GPa	泊松比
围岩	2.7	—	—	1.5	1.0	38	13.06	0.269
断层面	—	0.6	0.26	0.4	0.2	20	—	—
断层带	2.2	—	—	0.1	0.1	28	0.60	0.260

4.1.2.2 断层面对位移场的屏障效应

图 4-2 为无断层条件下开挖围岩垂直位移与水平位移分布图，在无断层情况下，由于开挖区本身具有一定的几何对称性，开挖后，围岩垂直位移场和水平位

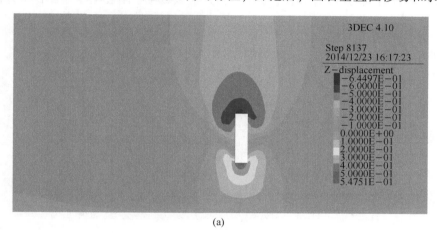

(a)

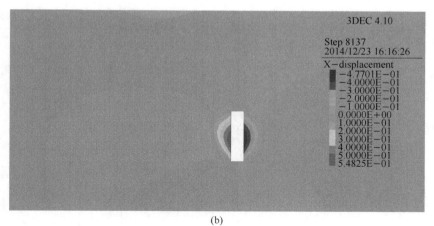

(b)

图 4-2 无断层条件下开挖围岩位移分布图

(a) 垂直位移；(b) 水平位移

移场在采空区中心的两侧分布规律性、对称性比较显著。当开采影响区存在断层时，在断层上盘开挖时，如图4-3所示，由于断层面强度一般比其两侧的岩体强度较低，因此，在断层面位置，岩体更容易发生变形、破坏。伴随着采动影响区岩体势能的变化，自重体积力所做的功主要消耗在岩体断层面摩擦作用和断层面的滑移变形上，使其难以完全越过断层面向外更远传播，指向采空区的岩体移动、变形限制在了断层面以里，因此在垂直位移和水平位移图上表现为靠近断层面一侧岩体位移量明显较大，而断层面另一侧围岩受开挖影响位移相对较小。图4-4为断层下盘开挖条件下围岩垂直位移和水平位移分布图，结果表明开采区域位于矿体下盘时，上述对于断层上盘岩体开挖后的断层效应依然适用，表明断层面上、下盘开采对位移的这种屏障效应具有一定的普遍性。对比断层上、下盘开采后围岩位移场分布图，结果表明，当开采区域位于断层上盘要比在下盘断层

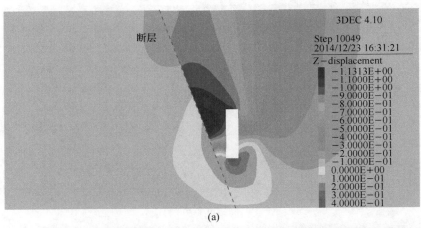

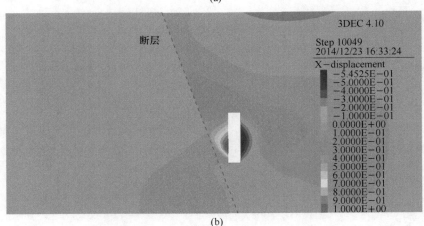

图4-3　断层上盘开挖条件下围岩位移分布图

（a）垂直位移；（b）水平位移

面两侧垂直位移差和水平位移差明显较大，即在断层上盘区域开挖产生的位移场的屏障效应更为强烈。

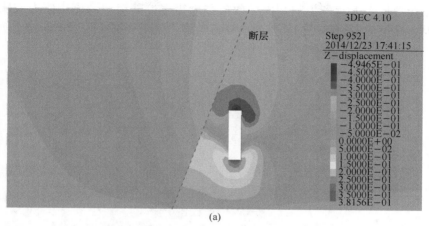

(a)

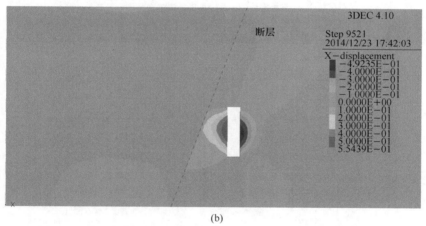

(b)

图 4-4　断层下盘开挖条件下围岩位移分布图

(a) 垂直位移；(b) 水平位移

4.1.2.3　断层面对应力场的阻隔效应

同样，断层面的存在会对开挖产生的二次应力场的分布造成影响。图 4-5 为无断层条件下围岩最大主应力和最小主应力分布图。计算结果表明，最大主应力和最小主应力在采空区两侧几何对称性较好，远离采空区等值线平直光滑。图 4-6 与图 4-7 分别为断层上、下盘开采条件下围岩的主压应力分布图，断层面的存在改变了开挖区一侧的主压应力的分布规律，断层面的滑移变形与摩擦作用使得断层面处主应力降低很多，造成开挖区靠近断层面一侧最大主压应力集中程度明显高于另一侧，而穿过断层后，围岩受开采影响较小，最大主压应力与初始状态时相差不大。断层带上、下盘开采应力场分布规律表明断层上、下盘开采对应力场的阻隔效应具有一定的普遍性。图 4-6 与图 4-7 对比结果表明，当开挖空间位于断层上盘要比在下盘产生的卸围压效应强烈得多，断层面两侧主应力差明显较大，结合断层面对位移场的屏障效应分析结果，表明开挖空间位于断层上盘时更容易引起断层的变形活化。

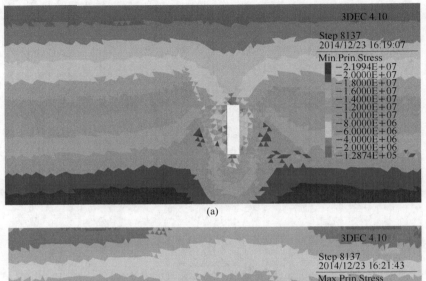

(a)

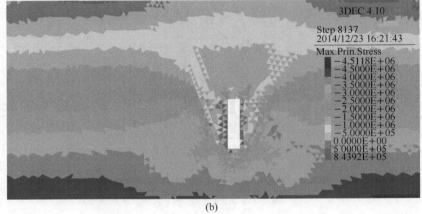

(b)

图 4-5　无断层条件下开挖围岩应力分布图

（a）最大主应力；（b）最小主应力

4.1.3　采动影响下断层带对岩移的屏障效应的数值分析

4.1.3.1　数值模型的设计与计算参数

为了研究开采条件下，断层带对岩移的屏障效应，建立数值计算模型，断层破碎带上、下盘开挖条件下的数值几何模型如图 4-1 所示，其中断层破碎带厚度为 10 m。计算参数见表 4-1。

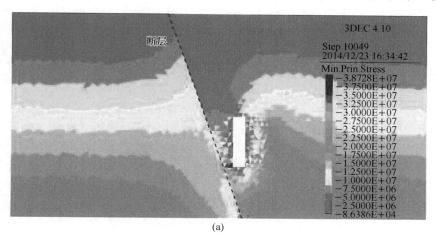

(a)

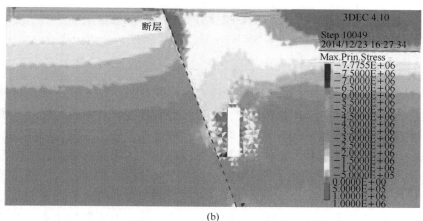

(b)

图 4-6 断层上盘开挖条件下围岩应力分布图

(a) 最大主应力；(b) 最小主应力

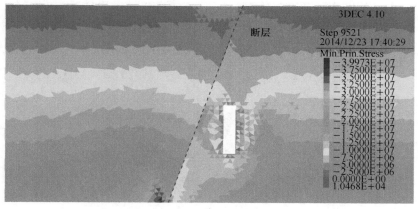

(a)

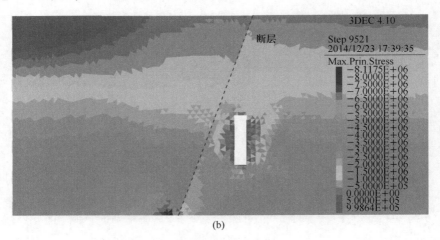

(b)

图 4-7　断层下盘开挖条件下围岩应力分布图

（a）最大主应力；（b）最小主应力

4.1.3.2　断层带对位移场的屏障效应

图 4-8 为断层上盘开挖条件下围岩最大位移分布图，前述分析结果可知，在无断层情况下，由于开挖区本身具有一定的几何对称性，开挖后，围岩水平位移场在采空区中心的两侧分布规律性、对称性比较显著。采空区围岩位移自采空区上下盘边界向外逐渐变小。采空区下盘岩体位移为正，即向右移动；采空区上盘岩体位移为负，即向左移动。当开采影响区存在断层破碎带时，由于断层带内岩体一般比其两侧的岩体破碎，强度较低，因此，断层破碎带内岩体更容易发生变形、破坏。伴随采动影响区岩体势能的变化，自重体积力所做的功主要消耗在断层破碎带的摩擦滑移作用和断层带的塑性变形上，使其难以完全越过断层破碎带向外更远传播，指向采空区的岩体移动、变形限制在了断层破碎带以里，因此在

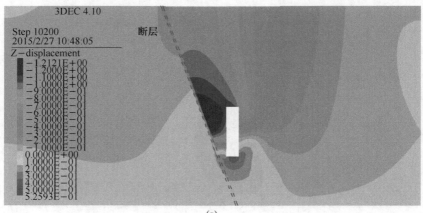

(a)

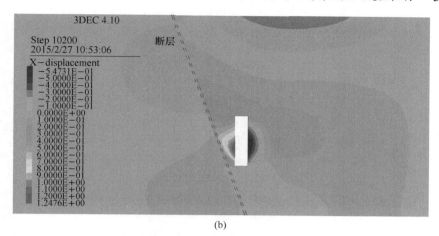

(b)

图 4-8 断层上盘开挖条件下围岩位移场分布图
(a) 垂直位移；(b) 水平位移

水平位移图上表现为采空区周围岩体，尤其是靠近断层一侧岩体位移量明显增大，而断层破碎带另一侧围岩受开挖影响位移相对较小。图 4-9 为断层下盘开挖条件下围岩最大位移分布图，结果表明开采区域位于矿体下盘时，上述对于断层上盘岩体开挖后的断层效应依然适用，表明断层带下盘开采对位移的这种屏障效应同样存在。

4.1.3.3 断层带对应力场的阻隔效应

由上述计算结果可知在无断层条件下围岩最大主应力的分布，几何对称性较好，远离采空区等值线平直光滑。图 4-10 和图 4-11 分别为断层上盘开挖条件下与断层下盘开挖条件下应力场分布图。断层破碎带的存在改变了开挖区一侧的主压应力的分布规律，破碎带内的塑性变形和结构面的摩擦作用使得断层破碎带内

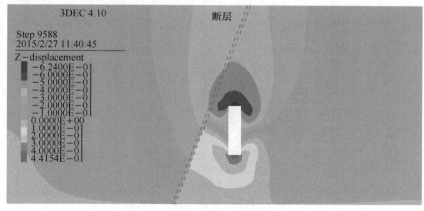

(a)

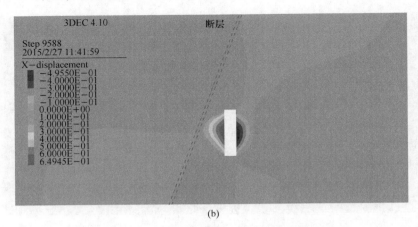

(b)

图 4-9　断层下盘开挖条件下围岩位移场分布图

（a）垂直位移；（b）水平位移

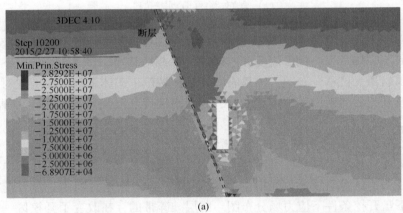

(a)

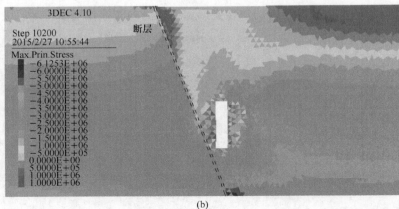

(b)

图 4-10　断层上盘开挖条件下围岩应力场分布图

（a）最大主应力；（b）最小主应力

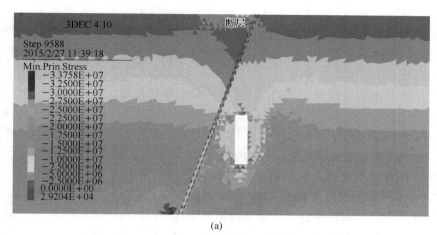

(a)

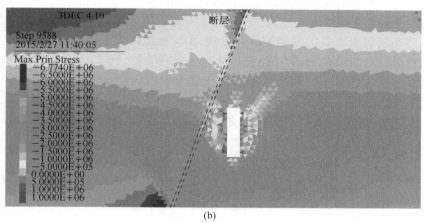

(b)

图 4-11 断层下盘开挖条件下围岩应力场分布图

（a）最大主应力；（b）最小主应力

最大主压应力降低很多，造成开挖区靠近破碎带一侧最大主压应力集中程度明显高于另一侧，而穿过断层破碎带后，围岩受开挖影响较小，最大主压应力与初始状态时相差不大。断层带上下盘开采应力场分布规律表明断层上下盘开采对应力场的阻隔效应具有一定的普遍性。

4.2 采动引起断层活化及其屏障效应的影响因素分析

4.2.1 采动诱发断层活化的滑动准则分析

在开采引起采场围岩应力场重新分布的作用下，断层的上下盘相互错动的过程称为"断层活化"。在地压作用下，断层活化过程实际上是断层的开采盘沿断层面产生剪切变形，进而在断层的一端或两端产生新的断裂，使得断层得以扩展，同时，断层带的裂隙，特别是位于开采盘的裂隙也产生相应变化的过程。

4.2.1.1　莫尔-库仑准则

对于非导水断层来说，"活化"可起到两个重要作用。一是通过活化，断层面上的胶结物被"剪开"，使得断层上下盘之间由"黏接"状态转化为"断开"状态，从而更易于地下水的导入；二是通过活化，断层端部及断层派生节理发生扩展，从而使断层带及其附近岩体的渗透性大大增强。当断层带中有地下水或者因断层活化有地下水导入时，地下水的软化作用会降低断层带的抗剪强度和断层带物质的变形模量，导致被开挖岩体的势能在较大程度上转化为塑性功，相比之下，岩移的幅度势必较大，进程较快，断层活化现象更加明显。

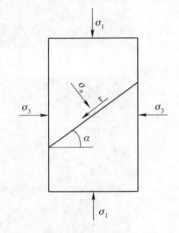

图 4-12　断层活化的力学模型

假定断层的上下盘为弹性岩体，断层面即为上下盘的接触面，断层初始活化的标志为上下盘产生剪切运动，建立如图 4-12 所示的断层活化受力状态模型[144,157]。

设断层面倾角为 α，断层受到最大压应力为 σ_1，最小压应力为 σ_3。断层面的黏结系数为 C_f，内摩擦角为 φ_f。则作用于断层面上的剪应力和正应力分别为：

$$\left.\begin{array}{l} \tau = \sigma_1\sin\alpha - \sigma_3\cos\alpha \\ \sigma_n = \sigma_1\cos\alpha - \sigma_3\sin\alpha \end{array}\right\} \tag{4-1}$$

断层面抗剪强度为：

$$\tau_n = c + (\sigma_n - p_0)\tan\varphi \tag{4-2}$$

式中，p_0 为孔隙水压力。

当不考虑孔隙水压力时，剩余剪应力为：

$$\Delta\tau = \tau - \tau_n = \sigma_1(\sin\alpha - \cos\alpha\tan\varphi) - \sigma_3(\cos\alpha - \sin\alpha\tan\varphi) - c \tag{4-3}$$

断层活化的判据为：

$$\Delta\tau \geqslant 0 \tag{4-4}$$

4.2.1.2　Byerlee 滑动准则

判定岩体中断层的稳定性，最重要的是正确选取滑动准则（摩擦强度）。一直以来，对于准确确定断层的抗剪强度参数，从而确定断层的滑动特性和准则存在一定的困难。Byerlee 在室内利用弹簧-滑块实验对莫尔-库仑准则进行补充，获得了滑动摩擦系数的经验值。

Byerlee 滑动准则[157-158]为：

$$\tau = \mu(\sigma_n - p_0)$$

式中，p_0 为孔隙水压力。

当条件为干燥闭合的断层时，滑动准则为：

$$\tau = \mu\sigma_n$$

Byerlee 根据大量的岩石摩擦实验结果，提出岩石沿着滑动面摩擦滑动的条件是滑动面上剪应力 τ 和正应力 σ_n 之间应满足如下条件：

$$\tau = 0.85\sigma_n \qquad 3\ \text{MPa} < \sigma_n < 200\ \text{MPa} \qquad (4\text{-}5)$$

$$\tau = 50 + 0.6\sigma_n \qquad 200\ \text{MPa} \leqslant \sigma_n < 1700\ \text{MPa} \qquad (4\text{-}6)$$

4.2.2 采动影响下断层活化及其屏障效应的影响因素

当采动影响区内存在断层时，断层活化及其屏障效应的强弱主要取决于断层距开采区的距离、断层上界埋深、断层倾角、开采区尺寸及断层破碎带厚度等关键因素。

4.2.2.1 开采区位置对断层活化的影响

断层与开采区的相对位置关系一般有 3 种情况，分别为：开采区位于断层上盘，断层切入开采区，开采区位于断层下盘。计算几何模型如图 4-13（a）所示，其中 L 代表开采区距断层的距离，分别取断层上、下盘 30 m，60 m，90 m，120 m，150 m；而开采区距断层 0 m 表示断层切入开采区。

A 断层对岩移的屏障效应分析

图 4-13~ 图 4-17 的计算结果表明断层屏障效应的强弱变化主要表现为：（1）开采区位于断层上盘，当断层远离采动影响范围时，监测线水平位移和垂直位移及应力场分布连续，当断层位于采动影响范围后，断层的存在破坏了位移场和应力场分布的连续性，断层对岩移的屏障效应开始出现，随着开采区距断层距离的减小，采空区与断层之间岩体的应力集中程度逐渐增加，致使断层处两侧岩体位移差和应力差变大，并且断层活化后的滑移量增长速率急剧增加，断层对应力场和位移场的屏障效应显著增加，断层的活化程度增加；（2）当断层切入开采区时，靠近采空区一侧应力集中程度最高，监测线断层处两侧岩体位移差达到最大，断层的滑移量急剧增加，表明此种工况最容易诱发断层活化产生向采空区一侧的滑移失稳，断层滑移量的迅速增长，在一定条件下有可能诱发断层冲击矿压；（3）当开采区位于断层下盘时，随着开采区距断层距离的减小，监测线断层处水平位移差和垂直位移差均有所增加，水平位移增幅大于垂直位移，但增加幅度均不大，明显小于断层上盘开采后断层处滑移量的增加幅度，当开采区位于断层上下盘相同距离时，断层上盘开采引起的位移场和应力场的不连续性明显大于断层下盘开采，开采引起的卸围压效应强烈得多，表明开采空间位于断层上盘时更容易引起断层的活化。

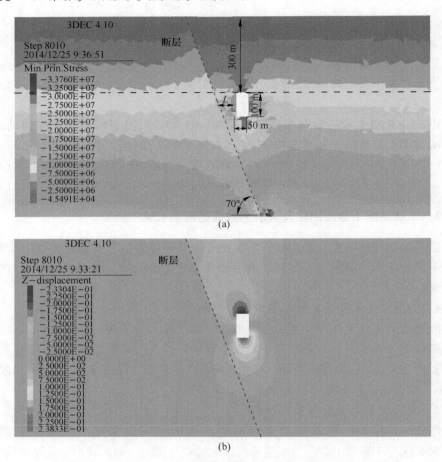

图 4-13　开采区位于断层上盘 60 m 时围岩应力与位移分布
（a）最大主应力；（b）垂直位移

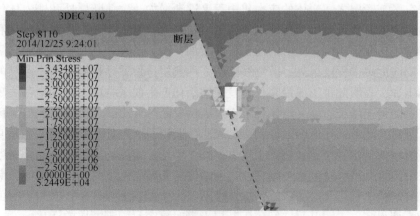

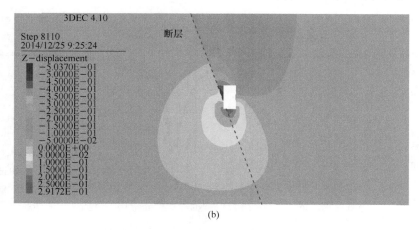

(b)

图 4-14 开采区距断层 0 m（断层切入采空区）时围岩应力与位移分布

（a）最大主应力；（b）垂直位移

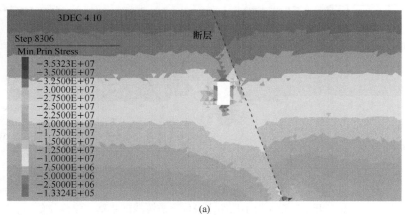

(a)

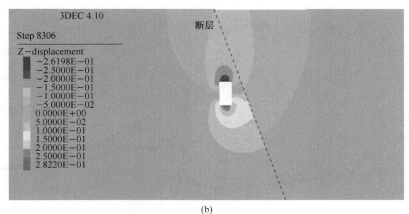

(b)

图 4-15 开采区位于断层下盘 60 m 时围岩应力与位移分布

（a）最大主应力；（b）垂直位移

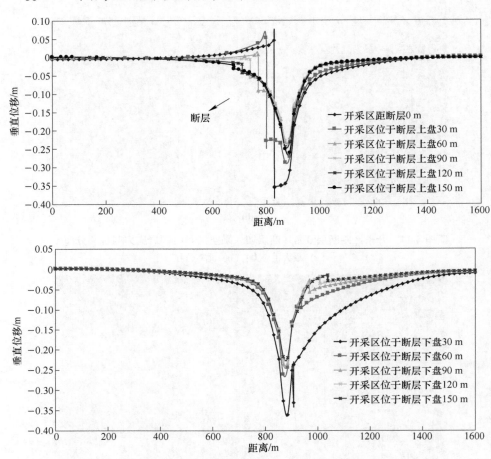

图 4-16　开采区距断层不同距离条件下监测线围岩垂直位移分布

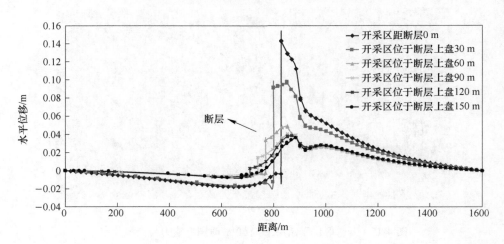

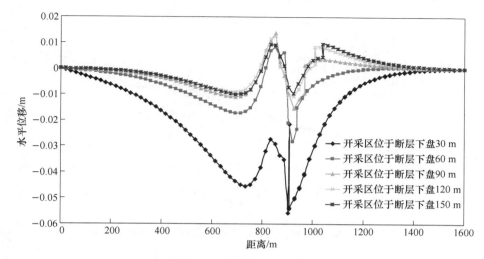

图 4-17　开采区距断层不同距离条件下监测线围岩水平位移分布

B　开采引起断层面应力的变化

由图 4-18 和图 4-19 可以看出，由于开挖在断层面上产生了附加剪应力和附加正应力，使得断层面上的剪应力和正应力发生变化。开采引起断层面上剪应力的增大或者正应力的减小都容易引起断层面上的剪应力大于抗剪强度，从而诱发断层活化，也就是断层面上剪应力与正应力的比值越大，断层越容易活化。

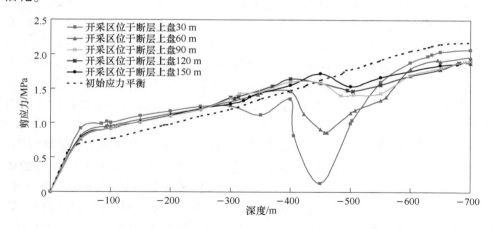

图 4-18　开采区位于断层上盘不同距离断层面上剪应力分布

在断层上盘开挖时，剪应力分布的主要特征为：（1）深度 0 ~ -400 m 范围内，附加剪应力为正值，随着距开采区距离的增大，断层面上的剪应力减小，断层活化的可能性变小，附加剪应力峰值位于深度 -70 m 处，如开采区距离断层上

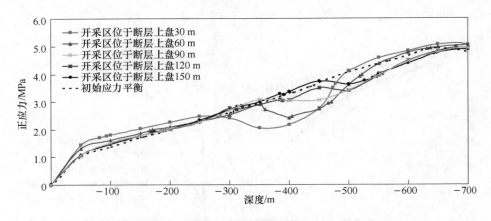

图 4-19　开采区位于断层上盘不同距离断层面上正应力分布

盘 30 m 时的附加剪应力值为 0.259 MPa，向下近线性减小，直至出现挤压区，法向正应力又明显增大，这与开挖引起断层上盘浅部拉开下滑，重心下移对下部未拉开断层面挤压增强的道理是一致的；（2）深度在 −400～−700 m 范围内，随着开挖区距断层距离的减小，断层面上的剪应力与初始平衡时的剪应力差值逐渐增大，附加剪应力为负值，断层面上的剪应力逐渐减小，断层活化的可能性逐渐减小，通过莫尔-库仑准则和 Byerlee 断层滑动准则判断，在此深度范围内，断层并未发生活化错动。

　　在断层上盘开挖时，断层面上正应力分布的主要特征为：（1）深度在 0～−300 m 的范围内，当断层面距开采区距离大于 90 m 以后，断层面上基本没有附加正应力产生，而小于 60 m 后，断层面上的正应力略有增加；（2）深度在 −300～−700 m 范围内，断层面上的附加正应力为负值，且附加正应力的峰值随着开挖区距断层距离的减小有向深部采空区左下方移动的趋势，主要由于采空区左下方距断层的垂直距离最近，因此开挖卸荷后引起的断层面附加正应力较大。

　　由图 4-20 和图 4-21 可以看出，断层面剪应力和正应力分布的主要特征为：（1）深度在 0～−100 m 范围内，附加剪应力为负值，随着距开采区距离的增大，断层面上的剪应力减小、正应力增加；（2）深度在 −100～−400 m 范围内，断层面上的附加剪应力为负值，随着开挖区距断层距离的减小，附加剪应力峰值逐渐增大，断层面上的剪应力逐渐减小，而断层面上的附加正应力为负值，断层面上的正应力减小，随着开挖区距断层距离的减小，附加正应力峰值逐渐增大，且有向采空区右上方靠近的趋势，断层面的抗剪强度越低，断层活化越容易；（3）深度在 −400～−700 m 范围内，断层面上正应力与剪应力随深度变化不大，表明当在断层下盘开挖时，对采空区底部深度以下的断层影响较小。

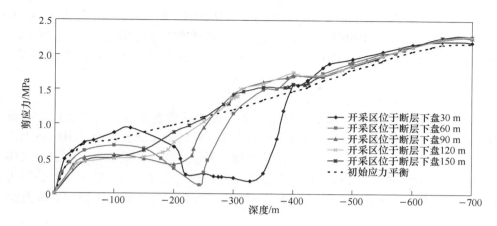

图 4-20　开采区位于断层下盘不同距离断层面上剪应力分布

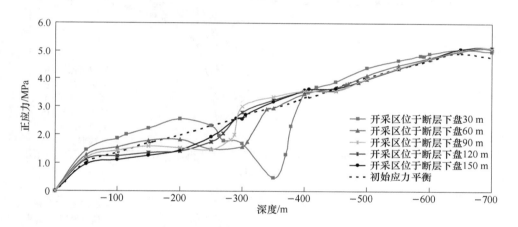

图 4-21　开采区位于断层下盘不同距离断层面上正应力分布

　　根据上述分析，可以总结出开挖区距断层不同距离对断层面上的剪应力及断层活化的影响规律如下：（1）在断层上盘开挖时，随着开采区距断层距离的增大，断层面上的剪应力和正应力都有所减小，但正应力的减小幅度远大于剪应力，根据断层的滑动判据即剪应力与正应力的比值增大，可知开采区距断层越近，越容易诱发断层活化；（2）在断层下盘开挖时，随着开采区距断层距离的减小，断层面上的附加正应力越大，附加正应力与附加剪应力的比值越大，即剪应力与正应力的比值也越大，断层越容易发生活化。也就是说无论在断层上盘还是下盘开采，开采区距离断层越近，越容易诱发断层活化。

4.2.2.2　上界埋深对断层活化的影响

　　研究断层上界埋深对其活化的影响，埋深不同反映在图 4-13（a）所示的数值几何模型中即为模型上边界以上岩层的厚度 *H* 不同，本研究埋深 *H* 分别取 200 m、300 m、400 m、500 m、600 m、700 m，对应的开采深度分别为 600 m、700 m、800 m、900 m、1000 m、1100 m，仅以断层上盘开采为例，开采区距断层距离 *L* 取 60 m。

A　断层对岩移的屏障效应分析

由图 4-22 可以看出，断层的存在破坏了位移场的连续性，监测线位移在断层处出现了台阶状陡增变化，垂直位移和水平位移的分布明显被断层阻挡在上盘靠近采空区一侧，随着断层上界埋深的增加，断层两侧位移差越大，断层的滑移量越大，当断层埋深为 200 m 时，断层两侧围岩垂直位移差和水平位移差分别为 0.347 m 和 0.128 m，而当断层上界埋深增加至 700 m 时，断层两侧围岩垂直位

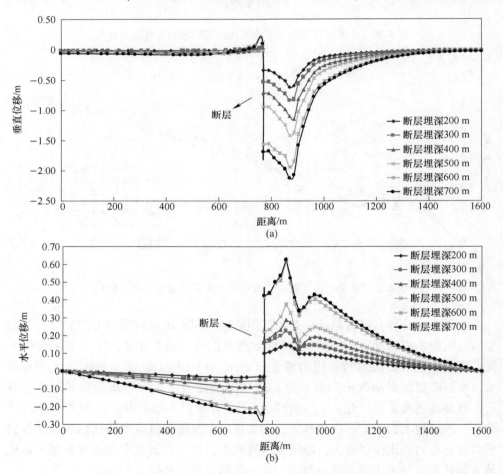

图 4-22　不同断层上界埋深条件下监测线围岩位移分布

（a）垂直位移；（b）水平位移

移和水平位移差分别增加至 1.779 m 和 0.660 m,说明断层对位移场的屏障效应随着断层上界埋深的增加而增大。由图 4-23 的主应力差分布图可知,断层上盘岩体最大主应力和最小主应力均大于下盘,随着断层上界埋深的增加,最大主应力差和最小主应力差随之增加,表明断层对应力场传播的阻隔效应也随之增大。

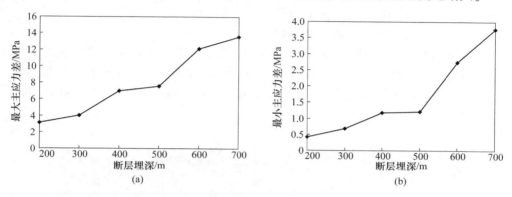

图 4-23　不同上界埋深条件下监测线断层处上下盘围岩应力差分布

（a）最大主应力差；（b）最小主应力差

B　开采引起断层面应力的变化

由图 4-24 可以看出,上界埋深对断层活化的影响主要表现在:（1）当断层的上界埋深不同时,同一断层面上的剪应力值是不同的,随着埋深的增加,断层面上的剪应力值不断增大,剪应力峰值也不断增大。如埋深为 300 m 时,剪应力峰值为 2.48 MPa;而埋深为 700 m 时,剪应力峰值为 4.75 MPa。这一规律说明开采越往地层深部,断层面剪应力越大,受采动影响越容易发生活化。（2）采深的变化不会改变断层面上的剪应力分布规律,如图 4-24 所示,其他参数一定

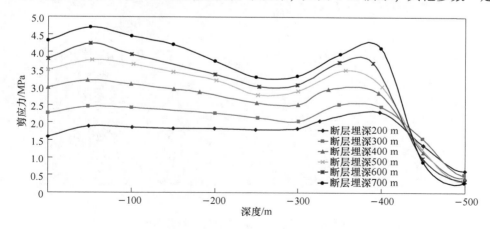

图 4-24　不同断层上界埋深条件下断层面剪应力分布

时，不同采深情况下断层面上剪应力分布情况及峰值位置均相同，即在深度 0~
-50 m 时，剪应力增加至最大；在深度 -50~-300 m 范围内，剪应力逐渐减小；
在 -300~-400 m 范围内，由于与矿体开采标高相同，此区段内受采动影响，断
层面上的剪应力迅速增加至峰值，断层面上附加剪应力也达到最大；而在深度
-400~-500 m 范围内，断层面上的剪应力逐渐减小。

4.2.2.3　断层倾角对断层活化的影响

为分析断层倾角对断层活化的影响，本书仅考虑当断层切入采空区时的情
况，数值几何模型示意图如图 4-25（a）所示，图中 α 即为断层倾角，断层与采
空区左边界的交点 A 为监测点，断层倾角 α 分别取 30°、40°、50°、60°、
70°、80°。

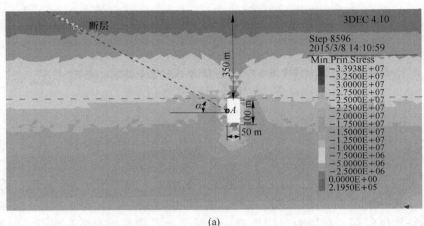

(a)

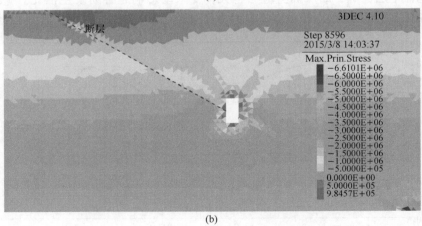

(b)

图 4-25　断层倾角 30°围岩应力场分布图

（a）最大主应力；（b）最小主应力

A 断层对岩移的屏障效应分析

限于篇幅，仅给出断层倾角为 30° 和 80° 情况下，围岩应力场分布图（见图 4-25 和图 4-26），随着断层倾角的增大，断层上下盘岩体的应力差逐渐增大，断层上盘靠近采空区一侧岩体的应力集中程度增大，监测点 A 附近主要为拉应力，且拉应力值不断增大。由图 4-27 和图 4-28 可知，随着断层倾角的增加，断层面两侧岩体位移量差值逐渐增大，监测线断层处上下盘围岩垂直位移差和水平位移差逐渐增大，断层面对位移的屏障效应逐渐增大，断层与采空区交界点 A 处滑移量最大，且随着断层倾角的增加，A 点处的滑移量几乎呈线性增加。

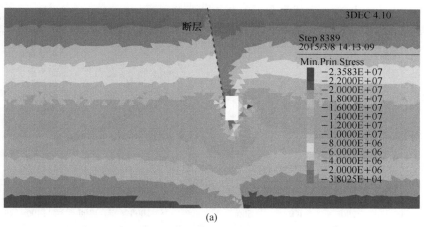

(a)

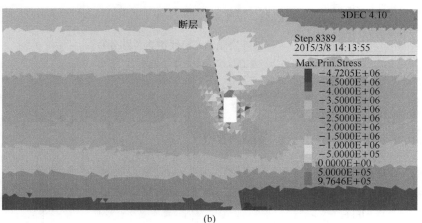

(b)

图 4-26 断层倾角 80° 围岩应力场分布图

（a）最大主应力；（b）最小主应力

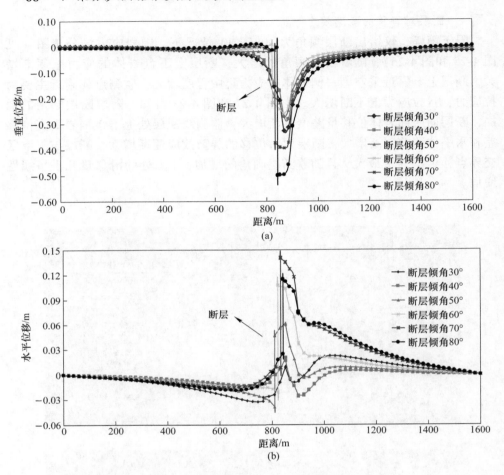

图 4-27 不同断层倾角监测线围岩位移分布

（a）垂直位移；（b）水平位移

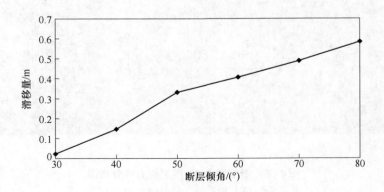

图 4-28 不同断层倾角监测点 A 处断层的滑移量

B 开采引起断层面应力的变化

图 4-29 为断层切入采空区时，在断层上盘向下开挖过程中不同断层倾角（30°≤α≤80°）断层面上剪应力与正应力比值分布情况，计算结果表明，随着断层倾角的增大，断层面上的剪应力与正应力的比值越来越大，表明断层越容易活化。不同断层倾角，断层面上的剪应力/正应力分布规律一致，即从 0～−50 m 断层面上的剪应力/正应力急剧增加至峰值，而后逐渐减小，并趋于稳定。例如断层倾角 α=80° 时，剪应力/正应力峰值为 0.79；断层倾角 α=50° 时，剪应力/正应力峰值为 0.66。

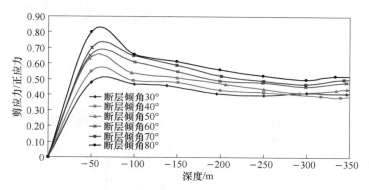

图 4-29 不同断层倾角时断层面上剪应力与正应力比值分布

4.2.2.4 开采尺寸对断层活化效应的影响

研究考虑开采尺寸对断层活化的影响，开采尺寸反映在图 4-30（a）和图 4-31（a）所示的数值几何模型中即为 L 的不同，本研究 L 分别取 100 m、200 m、300 m，对应的开采尺寸分别为 50 m×100 m、50 m×200 m、50 m×300 m、100 m×50 m、200 m×50 m、300 m×50 m，仅以断层上盘开采为例，开采区距断层距离如图 4-30 和图 4-31 所示。

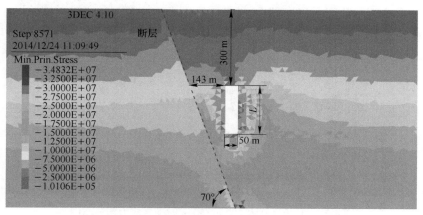

(a)

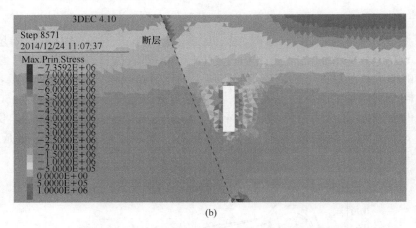

图 4-30　开挖尺寸为 50 m×200 m 时围岩应力场分布图

（a）最大主应力；（b）最小主应力

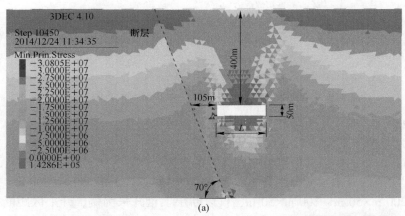

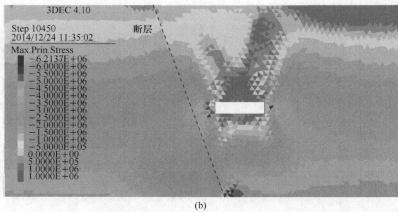

图 4-31　开挖尺寸为 200 m×50 m 时围岩应力场分布图

（a）最大主应力；（b）最小主应力

A 断层对岩移的屏障效应分析

随着开采深度的增加和开采尺寸增大后断层面的屏障程度增强，靠近断层面上盘的围岩最大位移值明显增大，当开采区尺寸为 50 m×100 m，靠近断层面两侧岩体最大位移差为 0.060 cm；当开采区尺寸沿竖直方向增加至 50 m×200 m 时，断层面两侧岩体最大位移差为 0.35 cm；而当开采区尺寸沿竖直方向增加至 50 m×300 m 时，靠近断层带两侧岩体最大位移差增加至 2.52 m。并且开挖区两侧边界最大主压应力集中程度增强，数值增大，断层面两侧围岩位移和应力值差别也随之变大。当开采区尺寸为 100 m×50 m 时，靠近断层面两侧岩体最大位移差为 0.15 m；当开采区尺寸沿水平方向增加至 200 m×50 m 时，靠近断层面两侧岩体最大位移差为 0.80 m；而当开采区尺寸沿水平方向增加至 300 m×50 m 时，断层面两侧岩体最大位移差增加至 1.0 m。图 4-32 为不同开挖尺寸条件下围岩最大位移场分布情况，与初始开挖尺寸相比，开挖尺寸的增大使得断层面两侧岩体的位

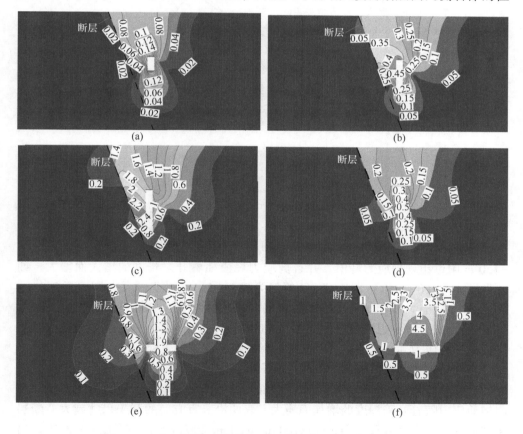

图 4-32 不同开采尺寸条件下围岩绝对位移分布（单位：m）

（a）开采区尺寸 50 m×100 m；（b）开采区尺寸 50 m×200 m；（c）开采区尺寸 50 m×300 m；
（d）开采区尺寸 100 m×50 m；（e）开采区尺寸 200 m×50 m；（f）开采区尺寸 300 m×50 m

移分布和最大主压应力出现了较大幅度的不连续变化，尤其是开采深度增加后，靠近断层面一侧的开挖区围岩位移和最大主压应力值同比增大较多，也表明断层面屏障效应已大大加强。通过对比可以发现，在开采区距断层距离既定的条件下，开采区竖直深度方向的改变对屏障程度的影响比水平长度方向的改变更为敏感，开挖区深度越大岩体移动、变形影响区越大，断层面的塑性变形和结构面摩擦作用消耗岩体的势能越多，导致破碎带两侧地表岩体移动、变形的差异性越显著。

B　开采引起断层面应力的变化

由图 4-33 可以看出，当开采区距断层距离一定时，无论是开采区沿长度还是高度增大，断层面上的剪应力和附加剪应力均增大，断层活化的可能性也增加。

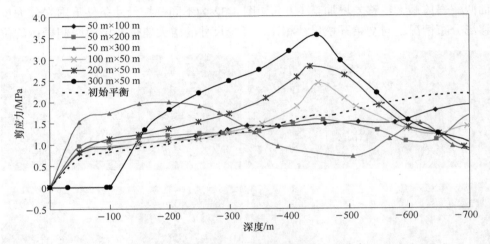

图 4-33　不同开采尺寸下断层面上剪应力分布

当开采尺寸沿长度方向增大时，断层面上的剪应力分布规律明显，在深度 -450 m 附近出现剪应力峰值，并且剪应力峰值随着开采长度的增大而增大，如开采尺寸为 100 m×50 m 时，剪应力峰值为 2.434 MPa；当开采尺寸增大至 200 m×50 m 时，剪应力峰值为 2.817 MPa；当开采尺寸增大至 300 m×50 m 时，深度 -450 m 附近，剪应力峰值增加至 3.543 MPa，并且在 0~-100 m 深度范围内，断层面上的剪应力为 0 MPa，表明受采动影响断层靠近地表处已经被拉开。

当开采尺寸沿高度方向增大时，在采空区上方，0~-350 m 深度范围内，断层面上的剪应力相比初始平衡状态时增加，断层面上的附加剪应力为正值，并且附加剪应力随着开采深度的增加而增大，表明沿竖直方向的开采尺寸越大，断层越容易活化。当开采尺寸为 50 m×100 m 和 50 m×200 m 时，在深度 -50 m 附近出现了剪应力峰值，分别为 0.673 MPa 和 0.796 MPa；而当开采尺寸沿高度方向增加至 50 m×300 m 时，剪应力峰值有向下延伸的趋势，剪应力峰值为 2.006 MPa，增幅较大。在深度−350 m 以下，断层面上附加剪应力为负值，断层面上的剪应力减小。

4.2.2.5　断层破碎带厚度的影响

分析断层带厚度对岩移屏障效应的影响，断层带厚度反映在图 4-34（a）所示的数值几何模型中即为水平厚度 a 的不同，本次研究中断层破碎带水平厚度 a 分别取 10 m、20 m、30 m、50 m、60 m，仅以断层上盘开采为例，开采区距断层距离如图 4-34 所示。

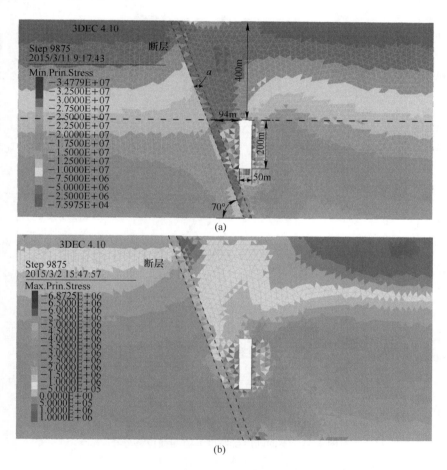

图 4-34　断层带厚度 30 m 时围岩应力分布图
（a）最大主应力；（b）最小主应力

计算结果表明，随着断层破碎带厚度增大，断层破碎带对应力场的阻隔效应越强烈，断层带上下盘岩体应力差越大，开采区与断层带之间的最大主压应力集中程度随之增高。图 4-35 为不同断层带厚度时监测线围岩位移分布，分析可知，随着断层破碎带厚度的增加，破碎带的屏障程度不断增强，破碎带两侧围岩位移量值差别逐渐加大，如当断层带厚度 10 m 时，监测线断层带处水平位移差为0.414 m，垂直位移差为 1.193 m；而当断层带厚度增加至 60 m 时，监测线断层带处围岩水平位移差增加至 0.57 m，而垂直位移差增加至 1.57 m。

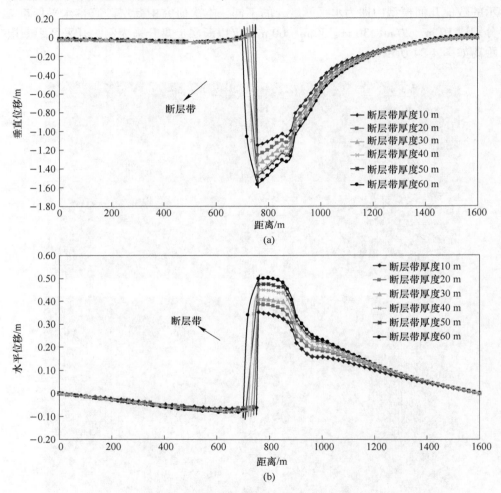

图 4-35 不同断层带厚度下监测线位移分布

(a) 垂直位移；(b) 水平位移

4.3 深部持续开采诱发断层活化的规律与机理分析

狮子山矿区区域地质构造复杂，其中对矿山开采影响比较大的优势断层组为NE 向纵断层组，位于主矿体下盘的 F_2 断层、F_3 断层、F_4 断层、FC_2 断层及 FC_3

断层。从工程揭露来看（40号剖面），F_2断层从10中段延伸至15中段，延伸250 m，受采动影响F_2断层已经活化，滑移较为明显，受断层影响的巷道及硐室变形破坏严重，断层上盘岩体中的开拓及通风巷道等工程随着断层的滑移，一起向采空区方向移动，巷道、硐室等工程破坏较严重，难以支护，对矿山安全生产影响较大；F_3断层从9中段延伸至15中段，其中在11中段、12中段工程揭露较多，从现场观测结果看，F_3断层也已发生移动并且移动速率增加；F_4断层从8中段延伸至16中段，为炭质板岩软弱破碎带，FC_2断层，FC_3断层为深部控矿断层组，位于18中段以下，将深部矿体向右错断。各断层产状见表2-1，主矿体下盘断层等构造发育，客观上存在弱面，为巷道变形、垮落、坍塌及岩体移动创造了条件。40号剖面主矿体下盘断层及矿体分布如图4-36所示。

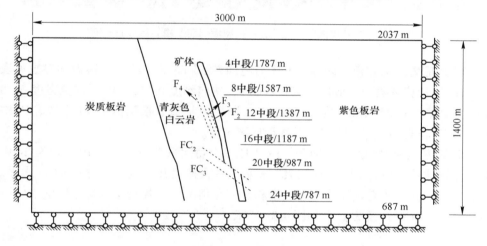

图4-36　40号剖面断层与矿体分布示意图

4.3.1　数值计算模型的建立

为建立计算所需的力学模型，参照图4-36所示的工程地质剖面，剖面计算域的上边界取到地表，下边界取到地表以下1400 m水平；为了消除过近的边界影响，左右边界向外扩展一定的距离，总长3000 m，沿矿体走向方向取100 m，将地表简化成水平面，最终建立的计算模型示意图如图4-37所示，尺寸为3000 m×1400 m×100 m。为保证计算精度，并在保证单元无畸变的情况下，整个模型共划分为634500个单元、126850个节点。

4.3.2　参数选取与计算方案

采用莫尔-库仑（Mohr-Coulomb）弹塑性本构模型。计算模型除地表面设为自由边界外，模型底部约束垂直位移，其他边界均约束水平位移。地应力按照矿

图 4-37 三维离散单元法 3DEC 模型横剖面逻辑块体分布剖面图

区实测地应力施加在模型内部，地应力施加方法同 3.3.1 节。岩体力学参数见表 2-3，断层计算参数为：剪切刚度 0.6 GPa，法向刚度 0.285 GPa，抗拉强度 0.43 MPa，黏聚力 0.25 MPa，内摩擦角 25°。断层力学参数根据深部 14 中段、15 中段以上矿体开采后，F_2 断层的滑移量反演确定。

计算方案为单中段一次回采，18 中段以上每次采高为 50 m，19 中段至 24 中段，每次采高 30 m，从 4 中段 1787 m 水平一直持续开采至 24 中段 787 m 水平。为分析计算过程中各断层应力场及滑移量变化情况，在各断层设置了监测点，分别为 A、B、C、D 及 E 点，如图 4-38 所示。

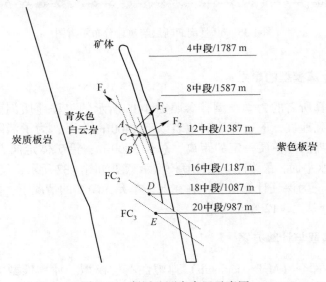

图 4-38 断层监测点布置示意图

4.3.3 计算结果与分析

4.3.3.1 F₂ 断层的活化规律与机理分析

A 深部持续采动对断层面应力场的影响

由图 4-39 可知，当开采至 10 中段时，开采深度位于 F_2 断层上方，F_2 断层面上的正应力为 3.49 MPa；当开采至 13 中段时，F_2 断层面受采动影响，断层面上产生附加正应力，断层面上的正应力急剧减小至 0.15 MPa，正应力减小幅度较大，随后断层面上的正应力随着开采深度的增加，呈现略微减小的趋势，正应力变化较为平稳。当开采至 10 中段时，断层面上的剪应力为 1.0 MPa；开采 11 中段、12 中段时，断层面上的剪应力减小至 0.45 MPa；当开采 13 中段时，断层面上的剪应力急剧增加至峰值，剪应力为 0.80 MPa，随后剪应力开始逐渐减小；当开采至 16 中段时，剪应力减小至 0.05 MPa；在开采 16 中段至 24 中段的过程中，断层面上的剪应力在 0~0.25 MPa 平稳变化。

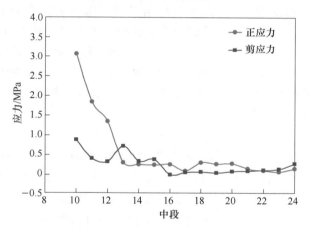

图 4-39 F_2 断层应力状态随采深变化关系

根据 4.2.1 节断层活化滑动准则判据的讨论，分别采用莫尔-库仑准则和 Byerlee 滑动准则对 F_2 断层的滑动性进行了分析。$\Delta\tau(\tau - 0.85\sigma_n)$ 为 F_2 断层面上跟踪点 A 处的剪应力与抗剪强度的差值，$\Delta\tau$ 随开采深度的变化曲线如图 4-40 所示。由计算结果可知，当开采 10 中段至 12 中段后，断层面上的剪应力小于抗剪强度，说明断层处于静力平衡状态；而当 13 中段回采后，$\Delta\tau$ 为正值，并在 13 中段处出现峰值，最大为 0.20 MPa，表明断层面上的剪应力已经大于抗剪强度，断层发生失稳滑动，随后 $\Delta\tau$ 逐渐减小；在 14 中段开采以后，$\Delta\tau$ 主要为负值，原因是断层发生活化滑动后，其黏结力 c 已经消失，而计算的时候仍然考虑黏结力，因此说明莫尔-库仑准则只适用于静力平衡，而在断层活化滑动后并不适用。

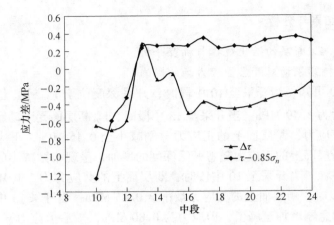

图 4-40　F₂ 断层的滑动性随采深变化

根据 Byerlee 滑动准则，断层面发生滑动的判据为 $\tau \geqslant 0.85\sigma_n$，通过计算，F₂ 断层面上的 $\tau - 0.85\sigma_n$ 随开采深度变化曲线如图 4-40 所示，在开采 10 中段至 13 中段时，随着开采深度的增大，$\tau - 0.85\sigma_n$ 值呈线性增大，此时剪应力与正应力的比值也迅速增大，$\tau - 0.85\sigma_n$ 值在 13 中段处为正，并出现峰值为 0.24 MPa，说明此时断层已发生活化，并开始滑移，此后随着开采深度的增加，$\tau - 0.85\sigma_n$ 值呈现平稳趋势，均大于 0。

B　深部持续采动对断层滑移量的影响

图 4-41 为 F₂ 断层滑移量随开采深度变化的关系曲线，结果表明当开采 12 中段以上时，F₂ 断层并没有发生滑移，即断层并未活化；而 13 中段开采结束后，F₂ 断层受采动影响发生活化，滑移量为 0.129 m；当 14 中段和 15 中段回采后，断层的滑移量增加至 0.630 m，根据现场监测，15 中段回采以后，F₂ 断层滑移量增加较大，监测到 F₂ 断层的滑移量为 0.56 m，计算结果与实测结果较为吻合。

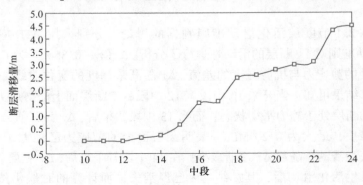

图 4-41　F₂ 断层滑移量随采深变化关系

计算结果表明，18 中段开采以后，F_2 断层的滑移量增加至 2.44 m，随着深部持续开采，F_2 断层的滑移量逐渐增大，当开采深部 22 中段至 24 中段（−1150 ~ −1300 m）时，F_2 断层的滑移量最终增加至 4.491 m。根据断层滑移量计算结果判定，13 中段开采后断层发生滑移，与 Byerlee 滑动准则预测结果一致，表明用 Byerlee 准则判断采矿是否诱发断层活化滑移是可行的。

C 深部持续开采诱发 F_2 断层的活化机理分析

通过上述分析可知，F_2 断层受采动影响发生活化的机理为：随着主矿体深部持续开采至 10 中段以后，受采动影响，开挖区周围应力重新分布，开采影响范围波及 F_2 断层，引起 F_2 断层面上正应力减小，产生了明显的附加正应力 $\Delta\sigma_n$，此时断层面的抗剪强度 $\tau = (\sigma_n - \Delta\sigma_n)\tan\varphi + c$ 下降；当 13 中段回采以后，断层面上的剪应力与抗剪强度之差大于 0，同时满足 Byerlee 断层滑动准则，断层受采动影响活化，并开始向采空区方向发生稳滑，与现场实际情况相符。通过分析可知，陡倾角断层活化主要是由开采引起断层面正应力的减小引起的，即由开挖卸荷产生的附加正应力引起的。

4.3.3.2 F_3 断层的活化规律与机理分析

A 深部持续采动对断层面应力场的影响

图 4-42 为 F_3 断层面上的正应力与剪应力随开采深度变化的曲线，当开采 10 中段至 13 中段时，F_3 断层面上的正应力为 2.889 MPa，呈平稳趋势；在开采 14 中段至 16 中段时，断层面上的正应力大幅度减小，断层面产生了较大的附加正应力；开采 17 中段至 24 中段后，断层面上的正应力又开始呈平稳趋势变化，正应力的范围为 0 ~ 0.1 MPa。当开采 10 中段至 12 中段时，F_3 断层面上的剪应力为 0.95 MPa 左右，呈平稳趋势；在开采 13 中段至 15 中段后，断层面上的剪应力减小至 0.21 MPa，断层面上的剪应力有所减小，但减小幅度远小于断层面正应力的减小幅度；当 16 中段开采后，断层面上的剪应力略有增加，剪应力增加至

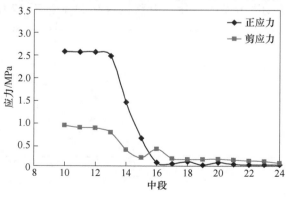

图 4-42 F_3 断层应力状态随采深变化关系

0.43 MPa，说明此时有沿断层面上的附加剪应力产生；此后在回采 17 中段至 24 中段期间，断层面上的剪应力在 0.1~0.2 MPa 之间平稳变化。

图 4-43 为 F_3 断层面上的 $\tau - 0.85\sigma_n$ 随开采深度变化曲线，在开采 10 中段至 13 中段时，随着开采深度的增大，$\tau - 0.85\sigma_n$ 值略微增加；当回采 14 中段至 16 中段时，剪应力与正应力的比值也迅速增大，$\tau - 0.85\sigma_n$ 值在 16 中段回采后大于 0，并出现峰值为 0.35 MPa，说明此时断层已发生活化，并开始滑动；此后随着开采深度的增加，$\tau - 0.85\sigma_n$ 值略微减小后，呈平稳趋势，变化不大，但都为正，说明 16 中段开采以后，F_3 断层一直处于滑动状态。

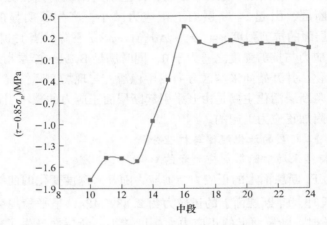

图 4-43 F_3 断层的滑动性随采深变化

B 深部持续采动对断层滑移量的影响

图 4-44 为 F_3 断层滑移量随开采深度变化的关系曲线，结果表明，当 15 中段以上矿体开采后，F_3 断层并没有发生滑移，即断层并未活化；而 16 中段开采结束后，F_3 断层受采动影响发生活化，滑移量为 0.21 m；当 17 中段与 18 中段回

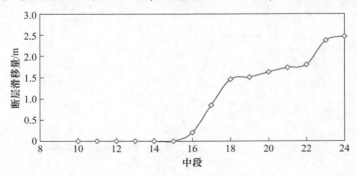

图 4-44 F_3 断层滑移量随采深变化关系

采后，断层的滑移量急剧增加至 1.46 m；而在 18 中段至 22 中段回采期间，断层面上的滑移量增加速率有所降低，22 中段回采结束后，断层面上的滑移量为 1.798 m；23 中段至 24 中段回采后，断层面上的滑移量增加速率又有所增大，最终 24 中段回采后，断层面上的滑移量为 2.46 m，断层面上的滑移量呈现阶段性的增加趋势。

C 深部持续开采诱发 F_3 断层的活化机理分析

通过上述分析可知，F_3 断层受采动影响产生活化的机理为：随着主矿体持续开采至 13 中段至 15 中段期间，受采动影响，开挖区周围应力重新分布，开采影响范围波及至 F_3 断层，引起 F_3 断层面上正应力和剪应力相应减小，正应力的减小幅度远小于剪应力的减小幅度，断层面上的附加正应力 $\Delta\sigma_n$ 增大，断层面的抗剪强度 $\tau = (\sigma_n - \Delta\sigma_n)\tan\varphi + c$ 下降，但断层面上的剪应力仍小于抗剪强度；当 16 中段回采以后，根据满足 Byerlee 断层滑动准则得出，$\tau - 0.85\sigma_n$ 值大于 0，断层面上的剪应力与抗剪强度之差 $\Delta\tau > 0$，表明断层受采动影响活化，并开始向采空区方向发生稳滑，与现场实际情况相符。

4.3.3.3 F_4 断层的活化规律与机理分析

A 深部持续采动对断层面应力场的影响

图 4-45 为 F_4 断层面上的正应力与剪应力随开采深度变化的曲线，当开采 10 中段至 16 中段时，F_4 断层面上的正应力为 2.635 MPa，呈平稳趋势；在开采 16 中段至 19 中段时，断层面上的正应力大幅度减小，其中 19 中段开采后，断层面上的正应力为 0.226 MPa，断层面产生了较大的附加正应力；开采 20 中段至 24 中段以后，断层面上的正应力又开始呈平稳趋势变化，正应力的范围在 0.1 MPa 左右呈平稳趋势变化。当开采 10 中段至 16 中段时，F_4 断层面上的剪应力为 1.005~1.148 MPa，呈平稳趋势；在开采 17 中段至 18 中段后，断层面上的剪应力减小至 0.226 MPa，断层面上的剪应力有所减小，但减小幅度远小于断层面正

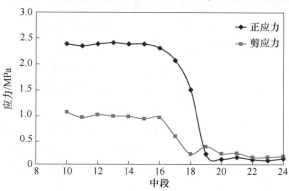

图 4-45 F_4 断层应力状态随采深变化关系

应力的减小幅度；当 19 中段开采后，断层面上的剪应力略有增加，剪应力增加至 0.338 MPa，说明此时有沿断层面上的附加剪应力产生；此后在回采 20 中段至 24 中段期间，断层面上的剪应力在 0.15 MPa 左右平稳变化。

图 4-46 为 F_4 断层面上的 $\tau - 0.85\sigma_n$ 随开采深度变化曲线，开采 10 中段至 18 中段时，随着开采深度的增大，$\tau - 0.85\sigma_n$ 值为 -1.2 MPa，呈平稳变化；当回采 18 中段至 19 中段时，此时剪应力与正应力的比值呈现陡增趋势，$\tau - 0.85\sigma_n$ 值在 19 中段回采后大于 0，并出现峰值为 0.196 MPa，说明此时断层已发生活化，并开始滑动；此后随着开采深度的增加，$\tau - 0.85\sigma_n$ 值略微减小后，呈平稳变化趋势，但都为正值，说明在 19 中段开采以后，F_4 断层受采动影响发生活化，处于滑动状态。

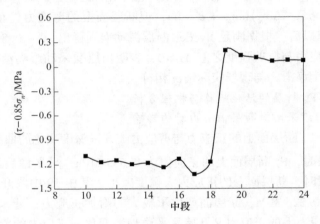

图 4-46 F_4 断层的滑动性随采深变化

B 深部持续采动对断层滑移量的影响

图 4-47 为 F_4 断层滑移量随开采深度变化的关系曲线，结果表明，当 18 中段以上矿体开采后，F_4 断层并没有发生滑移，即断层并未活化；而 19 中段开采结束后，F_4 断层受采动影响发生活化，滑移量为 0.18 m；当 21 中段矿体回采，F_4 断层的滑移量迅速增加至 0.767 m；22 中段至 24 中段矿体回采后，断层面上的滑移量最终增加至 1.008 m，断层面上的滑移量呈现阶段性的增加趋势。

C 深部持续开采诱发 F_4 断层的活化机理分析

综上分析可知，F_4 断层受采动影响产生活化的机理为：随着主矿体深部持续开采至 18 中段期间，受采动影响，开挖区周围应力重新分布，开采影响范围波及 F_4 断层，引起 F_4 断层面上正应力和剪应力相应减小，正应力的减小幅度远大于剪应力的减小幅度，断层面上的法向正应力 $\Delta\sigma_n$ 增大，产生了明显的附加正应力，此时断层面的抗剪强度 $\tau = (\sigma_n - \Delta\sigma_n)\tan\varphi + c$ 下降，但断层面上的剪应

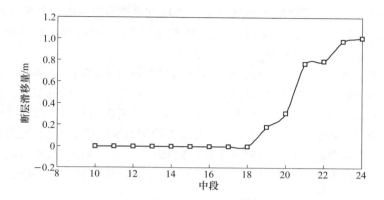

图 4-47 F_4 断层滑移量随采深变化关系

力仍小于抗剪强度；当 19 中段回采以后，根据 Byerlee 断层滑动准则，$\tau - 0.85\sigma_n$ 值大于 0，说明断层受采动影响活化，并开始向采空区方向发生滑动。

4.3.3.4 FC_2 断层的活化规律与机理分析

A 深部持续采动对断层面应力场的影响

图 4-48 为 FC_2 断层面上的正应力与剪应力随开采深度变化的曲线，当开采 10 中段至 20 中段时，FC_2 断层面上的正应力为 16.23 MPa，呈平稳趋势；在开采 21 中段至 22 中段时，断层面上的正应力大幅度减小，其中 22 中段开采后，断层面上的正应力为 2.01 MPa，断层面产生了较大的附加正应力；开采 23 中段至 24 中段后，断层面上的正应力呈平稳变化趋势，正应力的范围在 1.70 MPa 左右。当开采 10 中段至 20 中段时，FC_2 断层面上的剪应力为 5.43~6.11 MPa，呈平稳趋势，当开采 21 中段后，断层面上的剪应力减小至 0.226 MPa，断层面上的剪应力有所减小，但减小幅度远小于断层面正应力的减小幅度；当 22 中段开

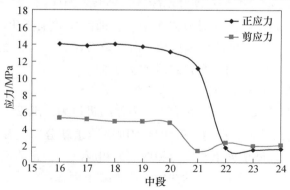

图 4-48 FC_2 断层应力状态随采深变化关系

采后，断层面上的剪应力略有增加，剪应力增加至 2.670 MPa，说明此时有沿断层面上的附加剪应力产生；此后在回采 23 中段至 24 中段期间，断层面上的剪应力在 2.30 MPa 左右平稳变化。

图 4-49 为 FC_2 断层面上的 $\tau - 0.85\sigma_n$ 值随开采深度变化的曲线，当开采 10 中段至 21 中段时，随着开采深度的增大，$\tau - 0.85\sigma_n$ 值为 -7.50 MPa，呈平稳变化；当回采 21 中段至 22 中段时，此时剪应力与正应力的比值迅速增大，$\tau - 0.85\sigma_n$ 值在 22 中段回采后大于 0，并出现峰值为 0.97 MPa，说明此时断层已发生活化，并开始滑动；此后随着开采深度的增加，$\tau - 0.85\sigma_n$ 值略微减小后，呈平稳趋势，变化不大，但都为正，说明在 22 中段开采以后，FC_2 断层受采动影响后发生活化，并处于滑动状态。

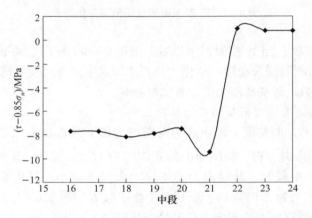

图 4-49　FC_2 断层的滑动性随采深变化

B　深部持续采动对断层滑移量的影响

图 4-50 为 FC_2 断层滑移量随开采深度变化的关系曲线，结果表明当 21 中段以上矿体开采后，FC_2 断层并没有发生滑移，即断层并未活化；而 22 中段开采结束后，FC_2 断层受采动影响发生活化，滑移量为 0.15 m；当 22 中段至 24 中段矿体回采后，断层面上的滑移量最终增加至 0.68 m。

C　深部持续开采诱发 FC_2 断层的活化机理分析

综上所述可知，FC_2 受采动影响产生活化的机理为：随着主矿体深部持续开采至 21 中段期间，受采动影响，开挖区周围应力重新分布，开采影响范围波及 FC_2 断层，引起 FC_2 断层面上正应力和剪应力相应减小，正应力的减小幅度远大于剪应力的减小幅度，断层面上的法向正应力减小量 $\Delta\sigma_n$ 增大，产生了明显的附加正应力，此时断层面的抗剪强度 $\tau = (\sigma_n - \Delta\sigma_n)\tan\varphi + c$ 下降，但断层面上的剪应力仍小于抗剪强度；当 22 中段回采以后，根据 Byerlee 断层滑动准则，$\tau -$

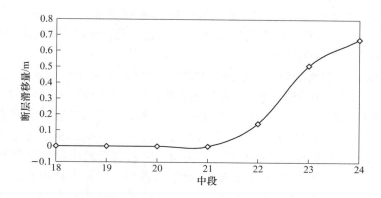

图 4-50　FC$_2$ 断层滑移量随采深变化关系

0.85σ_n 值大于 0，说明断层受采动影响活化，并开始向采空区方向发生滑动，断层的滑移量随采深变化的曲线也证明了这一结论。

4.3.3.5　FC$_3$ 断层的活化规律与机理分析

A　深部持续采动对断层面应力场的影响

图 4-51 为 FC$_3$ 断层面上的正应力与剪应力随开采深度变化的曲线，当开采 10 中段至 21 中段时，FC$_3$ 断层面上的正应力为 17.03 MPa，呈平稳趋势；在开采 22 中段至 23 中段时，断层面上的正应力大幅度减小，其中 23 中段开采后，断层面上的正应力为 2.05 MPa，断层面产生了较大的附加正应力；开采 23 中段至 24 中段以后，断层面上的正应力又开始呈平稳趋势，正应力在 1.40 MPa 左右呈平稳趋势变化。当开采 10 中段至 21 中段时，FC$_3$ 断层面上的剪应力为 5.28～5.77 MPa，呈平稳趋势；当 21 中段至 22 中段开采后，断层面上的剪应力减小至 2.15 MPa，断层面上的剪应力有所减小，但减小幅度远小于断层面正应力的减小

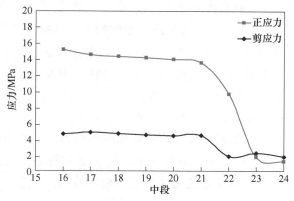

图 4-51　FC$_3$ 断层应力状态随采深变化关系

幅度;当 23 中段开采后,断层面上的剪应力略有增加,剪应力增加至 2.650 MPa,说明此时有沿断层面上的附加剪应力产生;此后 24 中段矿体回采后,断层面上的剪应力为 0.91 MPa。

根据 Byerlee 滑动准则,断层面发生滑动的判据为 $\tau \geqslant 0.85\sigma_n$,图 4-52 为 FC$_3$ 断层面上的 $\tau - 0.85\sigma_n$ 随开采深度变化的曲线,在开采 10 中段至 21 中段时,随着开采深度的增大,$\tau - 0.85\sigma_n$ 值为 -8.90 MPa,呈平稳变化;当回采 22 中段至 23 中段时,此时剪应力与正应力的比值迅速增大,$\tau - 0.85\sigma_n$ 值在 23 中段回采后大于 0,并出现峰值为 0.95 MPa,说明此时断层已发生活化,并开始滑动;此后随着开采深度的增加,$\tau - 0.85\sigma_n$ 值略微减小后,呈平稳趋势,变化不大,但都为正,说明在 23 中段开采以后,FC$_3$ 断层受采动影响后发生活化并产生滑移。

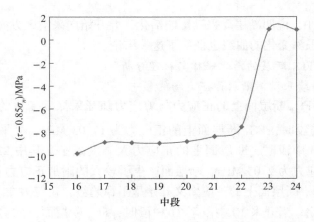

图 4-52   FC$_3$ 断层的滑动性随采深变化

B   深部持续采动对断层滑移量的影响

图 4-53 为 FC$_3$ 断层滑移量随开采深度变化的关系曲线,结果表明当 22 中段以上矿体开采后,FC$_3$ 断层并没有发生滑移,即断层并未活化;而 23 中段开采结束后,FC$_3$ 断层受采动影响可能发生活化,滑移量为 0.143m;当 24 中段矿体回采后,FC$_3$ 断层的滑移量增加至 0.223 m。

C   深部持续开采诱发 FC$_3$ 断层的活化机理分析

综上所述可知,FC$_3$ 受采动影响产生活化的机理为:随着主矿体深部持续开采至 22 中段期间,受采动影响,开挖区周围应力重新分布,开采影响范围波及 FC$_3$ 断层,引起 FC$_3$ 断层面上正应力和剪应力相应减小,正应力的减小幅度远大于剪应力的减小幅度,断层面上的法向正应力减小量 $\Delta\sigma_n$ 增大,产生了明显的附加正应力,此时断层面的抗剪强度 $\tau = (\sigma_n - \Delta\sigma_n)\tan\varphi + c$ 下降,但断层面上的

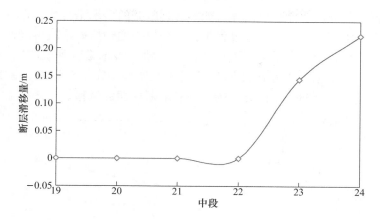

图 4-53 FC$_3$ 断层滑移量随采深变化关系

剪应力仍小于抗剪强度；当 23 中段回采以后，根据 Byerlee 断层滑动准则，$\tau -$ 0.85σ_n 值大于 0，说明断层受采动影响活化，并开始向采空区方向发生滑动，断层的滑移量随采深的变化也证明了这一结论。

4.3.3.6 深部持续采动影响下断层活化的多米诺效应与机理分析

图 4-54 为主矿体下盘各断层滑移量随开采深度变化时空关系曲线图，分析可知主矿体下盘断层的活化规律为：矿区主矿体下盘岩体移动规律主要受优势断层控制，断层的存在对主矿体下盘围岩的应力场和位移场的分布具有屏障效应。随着 13 中段（埋深 700 m）矿体的回采结束，采动影响范围波及 F$_2$ 断层，受采动影响 F$_2$ 断层发生活化，断层上盘靠近采空区一侧岩体开始沿断层面向采空区方向滑动；当 14 中段和 15 中段矿体的回采结束，F$_2$ 断层的滑移量逐渐增加至 0.63 m；随着 16 中段的开拓、采准和矿体的回采，F$_3$ 断层在采动影响下也发生活化，F$_3$ 断层上盘一侧岩体开始沿断层面向采空区方向滑移，16 中段回采结束后，F$_2$ 断层和 F$_3$ 断层的滑移量分别为 1.476 m 和 0.210 m；当深部持续开采至 19 中段（埋深 1000 m）后，F$_4$ 断层受采动影响也发生活化，断层上盘至采空区一侧岩体产生向采空区方向的滑移，19 中段回采结束后，F$_2$、F$_3$ 和 F$_4$ 断层的滑移量分别为 2.553 m、1.506 m 和 0.18 m；当深部 22 中段矿体回采结束后，FC$_2$ 断层受采动影响也发生活化，并开始滑移，22 中段回采结束后，F$_2$、F$_3$、F$_4$、FC$_2$ 断层的滑移量分别为 3.078 m、1.798 m、0.791 m 和 0.144 m；当深部 23 中段（埋深 1350 m）矿体回采结束后，FC$_3$ 断层受采动影响也发生活化，并开始滑移，23 中段回采结束后，FC$_3$ 断层的滑移量为 0.143 m；而最终深部 24 中段矿体回采结束后，F$_2$、F$_3$、F$_4$、FC$_2$ 及 FC$_3$ 断层的滑移量分别为 4.491 m、2.460 m、1.008 m、0.675 m 和 0.223 m；从主矿体下盘断层组活化并产生滑移的时空关系分析，深部持续采动条件下诱发断层的活化具有"多米诺骨牌效应"。雁列式陡

倾角断层群，各断层上盘一侧岩体就如同排列整齐的多米诺骨牌，在一个相互联系的系统中，深部向下持续开采过程中，一个较小的初始能量就可能产生一连串的断层先后活化、上盘向采空区滑移的反应，即"多米诺骨牌效应"，所以类似于狮子山矿区，采空区下盘的陡倾角雁列式断层群，在采动影响下诱发断层活化，断层上盘会产生向采空区方向的移动和沿断层面的滑移。

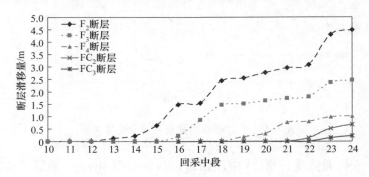

图 4-54　各断层滑移量随开采深度变化时空关系曲线

　　根据 Byerlee 定律，断层面发生滑动的判据为 $\tau \geq 0.85\sigma_n$，通过计算不同开采深度下各断层上正应力与剪应力的数值，作图如图 4-55～图 4-57 所示，通过分析可知，主矿体下盘断层活化的多米诺效应机理为：随着开采进入 10 中段，受采动影响 F_2 断层面上首先产生附加正应力，随着向下开采，F_2 断层面上的附加正应力逐渐增大，断层面的抗剪强度 $\tau = (\sigma_n - \Delta\sigma_n)\tan\varphi + c$ 逐渐减小；当 13 中段矿体回采后，附加正应力达到峰值 3.05 MPa，此时断层面上的剪应力大于抗剪强度，同时满足 Byerlee 定律，$\tau - 0.85\sigma_n$ 值大于 0，F_2 断层在采动影响下发生活化，并开始滑移，断层上盘靠近采空区一侧岩体开始沿断层面向采空区方向滑动，随后断层面上的附加正应力趋于稳定；随着 14 中段至 16 中段矿体的回采，F_3 断层面开始产生附加正应力，并且在 16 中段矿体回采结束后达到峰值 2.799 MPa，此时 F_3 断层也满足 Byerlee 定律，在采动影响下也发生活化，其上盘一侧岩体开始沿断层面向采空区方向滑移；当深部持续开采至 19 中段（埋深 1000 m）后，F_4 断层面上的附加正应力也达到峰值为 2.409 MPa，断层上的剪应力大于抗剪强度，受采动影响也发生活化，断层上盘至采空区一侧岩体产生向采空区方向的滑移；当深部 19 中段至 22 中段矿体回采过程中，FC_2 断层受采动影响，断层面上的附加正应力急剧增加至 11.88 MPa，断层面上的抗剪强度急剧减小，剪应力大于抗剪强度，FC_2 断层也发生活化，并开始滑移；当深部 23 中段（埋深 1350 m）矿体回采结束后，FC_3 断层受采动影响，断层面上的附加正应力也增加至峰值，为 11.23 MPa，受采动影响也发生活化，并开始滑移；从主矿体下盘各断层面上的附加正应力及断层活化滑移量随开采深度的时空关系分析，矿

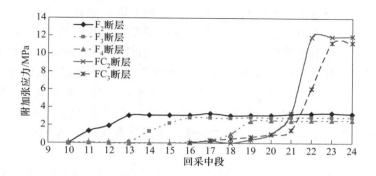

图 4-55　各断层面上的附加正应力随开采深度变化时空关系曲线

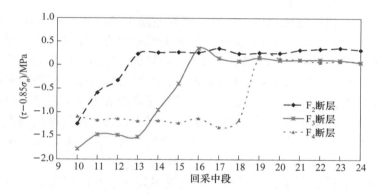

图 4-56　F_2、F_3 及 F_4 断层的 $\tau - 0.85\sigma_n$ 值随开采深度变化时空关系曲线

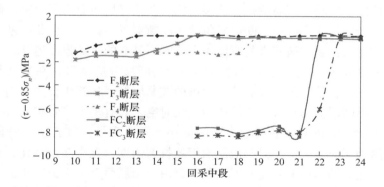

图 4-57　各断层的 $\tau - 0.85\sigma_n$ 值随开采深度变化时空关系曲线

体开采后断层面上的正应力和剪应力同时减小，即产生了附加正应力和附加剪应力，此时附加正应力作用是降低断层面的抗剪强度，促进断层活化，而断层面上

的附加剪应力作用是减小断层面上的剪应力，阻止断层活化。通过分析可知，开采后各断层面上剪应力与正应力的比值增大，说明矿区断层活化的本质是开挖卸荷引起断层面产生附加正应力，同时 F_2 断层附加正应力的增大，导致 F_2 断层上盘岩体作用于下盘的正应力减小，F_2 断层下盘即为 F_3 断层的上盘，根据力的传递原理可知，会导致 F_3 断层上盘岩体作用于下盘岩体的正应力减小，导致 F_3 断层的抗剪强度减小，同理也会导致 F_4 断层上盘作用于下盘的正应力减小，F_4 断层的抗剪强度也减小，这就是雁列式陡倾角断层群在采动影响下断层活化多米诺骨牌效应的本质。

本章分析了断层对岩移的屏障效应，讨论了采动诱发断层活化及其屏障效应的影响因素，并对狮子山矿区深部持续开采诱发的岩体移动的断层效应及机理进行了分析，得到了以下主要结论：

（1）地下开挖影响区范围内，断层面和断层带的存在会改变围岩位移场和二次应力场正常的分布规律，成为影响围岩变形和应力传播的屏障，导致断层面或者断层破碎带两侧岩体移动和变形出现不同特征。伴随开挖影响区岩体势能的变化，自重体积力所做的功主要消耗在断层面的滑移作用和断层破碎带的塑性变形、滑移变形上，使其难以完全越过断层破碎带向围岩更深部发展，指向开采空间的挤压位移和回弹变形大部分限制在断层破碎带以内。这是断层具有位移和应力屏障效应的本质，也是导致断层至开采区之间围岩变形大和应力集中程度高的主要原因。

（2）通过断层距开采区的距离、断层上界埋深、断层倾角、开采区尺寸及断层破碎带厚度等因素的数值计算，分析了开采引起断层活化及其屏障效应的影响因素。结果表明，随着开采区距断层距离的减小、断层上界埋深的增加、开采区尺寸的增大，断层越容易活化，断层活化后对位移场和应力场传播的阻隔作用越强烈；当断层切入空区中，断层倾角越大，断层越容易失稳活化，断层两侧岩移的差异性越大；断层破碎带的厚度越大，它所具有的屏障强度越高。

（3）狮子山矿区主矿体下盘的岩体移动的断层效应明显，在采动与重力平衡破坏的情况下，采空区下盘的陡倾角雁列式断层群，各断块会产生向采空区方向的移动和沿断层面的滑移，断层的活化在时空上具有多米诺骨牌效应。矿体开采后各断层面上的正应力和剪应力同时减小，即产生了附加正应力和附加剪应力，此时附加正应力的作用是降低断层面的抗剪强度，促进断层活化，而断层面上的附加剪应力的作用是阻止断层活化，但由于断层面上正应力减小的幅度远大于剪应力减小的幅度，导致断层面上的剪应力大于抗剪强度，因此断层活化。也说明矿区断层活化的本质是开挖卸荷引起断层面上产生附加正应力。

5 岩体移动综合监测及变形特征与规律分析

在地下开采过程中，对矿区岩体的变形破坏情况进行实时监测，对于分析地下采矿引起的岩体移动规律及其机理具有重要意义。

5.1 井下岩体移动规律的监测及变形特征分析

狮子山矿区主矿体下盘受断层控制，且主要开拓系统都位于主矿体下盘，因此主矿体下盘在断层影响下的岩体移动规律及其对主要开拓系统的影响备受重视。为此，结合矿山实际生产需求，在岩体移动现场调查及主矿体下盘受断层影响下的岩体移动规律数值计算结果的基础上，设计了断层活化滑移监测系统。重点对狮子山铜矿主矿体下盘 10 中段至 14 中段主要优势断层的移动破坏规律进行监测。

5.1.1 断层活化滑移的现场概况

作者针对狮子山矿区主矿体下盘 7 中段至 15 中段进行了多次岩体移动现状调查，重点确定下盘对工程稳定性有重要影响的优势断层，并为岩移监测网的布置选择合适的监测点。2010 年 4 月的调查情况表明，下盘 F_2 断层对岩体移动影响较大，工程揭露的地方，F_2 断层最大滑移量达 0.50 m，断层控制的巷道及硐室变形破坏严重，断层上盘一侧的工程像"坐船"一样，随着断层上盘整体下沉，导致很多工程废弃，而 F_3 断层、F_4 断层还没有发生活化，18 中段下部 FC_2 断层、FC_3 断层的还未揭露。2015 年 4 月的现场调查情况表明，F_2 断层几年期间，在深部持续采动的影响下，断层滑移量持续增加，已经达到约 1.6 m，而 F_3 断层受深部采动影响，已发生活化，断层错动较为明显，滑移量约达到 0.30 m。矿区主矿体下盘断层等构造发育，客观上存在弱面，为巷道变形、垮落、坍塌及岩体移动创造了条件。图 5-1 为 F_2 断层部分滑移照片。

5.1.2 断层活化滑移监测系统的设计

为了探索随着深部持续开采过程中，断层的移动破坏规律及其对井巷围岩的

图 5-1 F₂ 断层部分滑移照片

(a) 12 中段大巷沿断层出现的错动；(b) 12 中段溜矿绕道沿断层出现的错动；
(c) 12 中段溜井旁断层出现的滑动；(d) 12 中段材料硐室断层错动情况

影响，在现场岩体移动调查和数值计算结果的基础上，设计了断层活化滑移的监测系统。岩体移动主要对断层错动的位移变化和断层上下盘围岩应力变化情况进行监测。

5.1.2.1 监测内容

根据矿区岩体移动的实际情况，确定井下岩体移动监测内容为：（1）开采过程中，主矿体下盘断层 F_2、F_3、F_4 的滑移量及其变化规律；（2）开采引起 F_2 断层、F_3 断层、F_4 断层上下盘围岩应力及其变化规律。

5.1.2.2 监测方法

以断层滑移量（断层上下盘错动位移）观测为主，辅之以应力观测。断层滑移量监测采用多点位移计，由于断层累计滑移量较大，受多点位移计量程限制，当滑移量超过多点位移计量程时，采用标志线法观测断层的位移。断层上下盘围岩应力观测采用锚杆应力计和钻孔应力计。监测仪器采用振弦式多点位移计、振弦式锚杆应力计、振弦式钻孔应力计。

A　断层位移变化观测方法

本文所用的断层位移变化观测方法有如下两种：

（1）多点位移监测法。采用两点式多点位移计观测断层上下盘的错动位移，安装时将传感器和较短锚头处于断层下盘，这样当断层上盘发生向采空区方向位移时，较短锚头与传感器相对不动，而较长锚头所测位移即为断层错动位移。所以在测断层错动位移时只需读取穿越断层的较长锚头的位移。多点位移计安装示意图如图5-2所示。

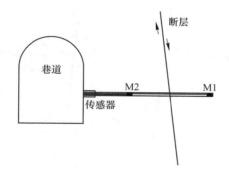

图5-2　多点位移计安装示意图

（2）标志线观测法。此种方法现场操作简单，应用方便，且能满足观测需求。即在巷道或硐室壁面断层揭露处，设立标志观测线，当断层滑移后，标志线上盘跟随断层一起滑移，标志线发生错动，断层面标志线错开的三维位移 L 即为断层实际的滑移量。标志线观测法示意图如图5-3所示。

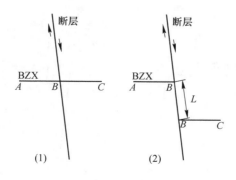

图5-3　标志线观测法示意图

B 断层应力状态观测方法

开采引起的断层剪应力的相对增加或者正应力的减小均有可能引起断层活化。但是从已检索到的文献来看，在地下开采引起的地压活动和岩体移动监测中，关于断层应力状态的观测方法还鲜有报道，本书探索了断层的应力状态观测方法，并对采动过程中断层应力状态的变化规律进行了分析。

采用锚杆应力计观测断层上下盘围岩中垂直于断层层面的附加正应力的变化，安装时将钻孔垂直于断层层面，保持上下盘围岩中的应力计到断层层面的距离（本书选取 2 m）相等。锚杆应力计安装示意图如图 5-4 所示。

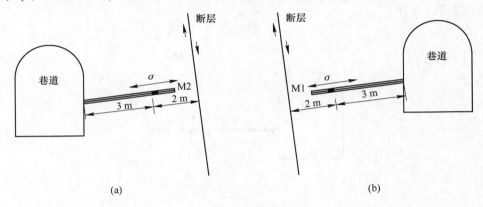

(a)　　　　　　　　　　　　　　　　(b)

图 5-4　锚杆应力计安装示意图
（a）断层下盘锚杆应力计安装示意图；（b）断层上盘锚杆应力计安装示意图

采用钻孔应力计监测断层上下盘围岩中沿断层面倾向方向的附加剪应力的变化情况。将钻孔垂直于断层层面，保持上下盘围岩中的应力计到断层层面的距离（本书选取 1 m）相等。钻孔应力计安装示意图如图 5-5 所示。

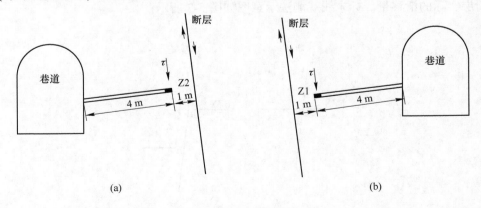

(a)　　　　　　　　　　　　　　　　(b)

图 5-5　钻孔应力计安装示意图
（a）断层下盘钻孔应力计安装示意图；（b）断层上盘钻孔应力计安装示意图

5.1.2.3 岩移监测点的布置

各中段位移、应力测点位置示意图如图 5-6 所示，多点位移计除 W11-6 孔深为 12 m，测点间距按 4 m、8 m 排列外，其余各位移计孔深均为 4 m，测点间距按 1 m、3 m 排列。钻孔应力计和锚杆应力计孔深均为 4 m。现场部分监测仪器照片如图 5-7 所示。

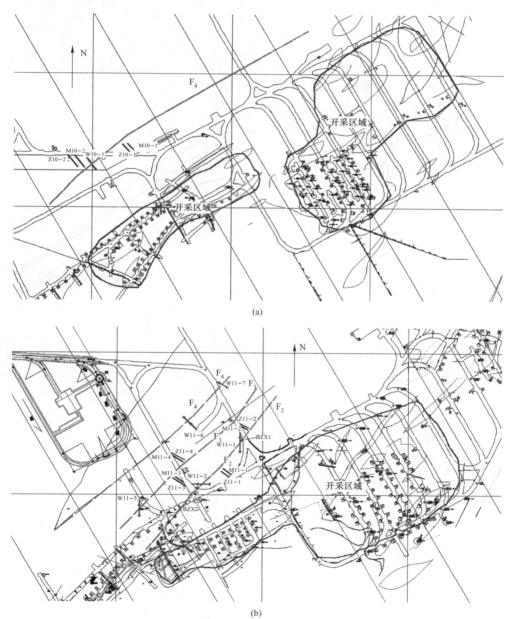

(a)

(b)

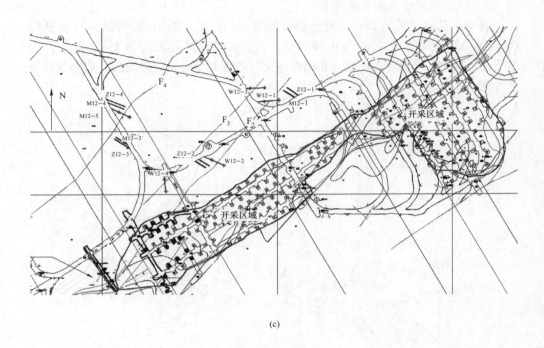

(c)

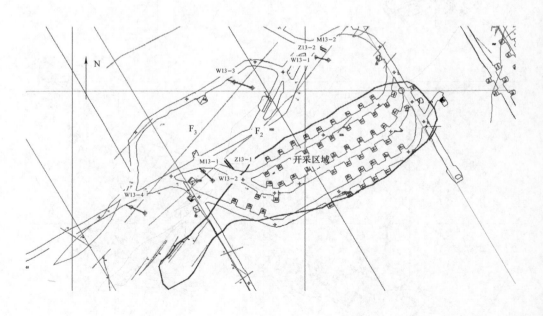

(d)

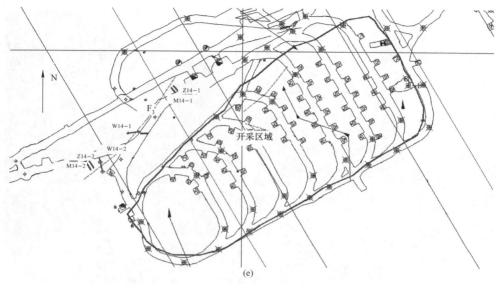

(e)

图 5-6 各中段测点位置示意图

（a）10 中段测点位置示意图；（b）11 中段测点位置示意图；（c）12 中段测点位置示意图；

（d）13 中段测点位置示意图；（e）14 中段测点位置示意图

W—多点位移计；BZX—标志线监测点；M—锚杆应力计；Z—钻孔应力计

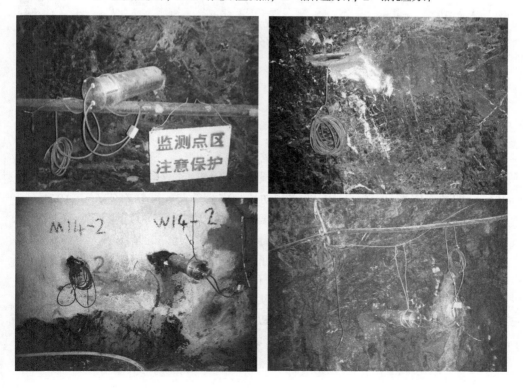

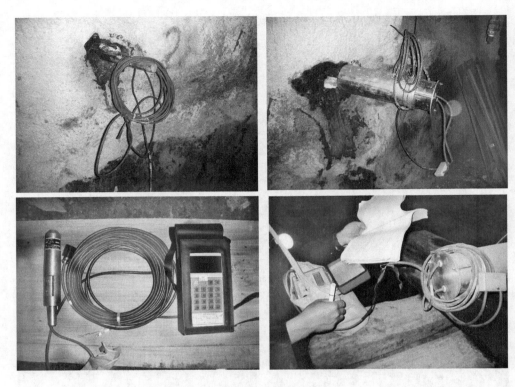

图 5-7　现场部分监测仪器照片

5.1.3　断层活化滑移监测结果分析

5.1.3.1　位移分析

多点位移计所测位移计算公式如下：

$$P = K(F_i - F_0)$$

式中，P 为位移量，mm；K 为位移计的灵敏度系数，mm/F；F_i 为测量时的频率模数值，即频率值 $f_i^2 \times 10^{-3}$；F_0 为实测初始频率模数值，即频率值 $f_0^2 \times 10^{-3}$。

根据前期调查及数值计算结果，所要监测的几条断层均为正断层，因此本次监测均采用两锚头多点位移计，安装仪器时现场条件允许的情况下，尽量使多点位移计传感器和较短的锚头位于断层的下盘，而较深的锚头穿越断层，位于断层上盘。根据监测数据处理结果可知，由于断层上盘向采空区方向移动的过程中，较深锚头与断层一起移动，因此较深锚头所测位移为断层错动位移，而较短的锚头与传感器均位于下盘，相对不动，所以读数均属于正常误差范围之内，处于不动状态。因此穿越断层、位于断层上盘的测点所测位移即为断层滑移位移。F_2 断层多点位移计监测曲线如图 5-8 所示，由于 2011 年 7 月 25 日以后，F_2 断层各测点多点位移计所监测的位移均逐渐超过量程，所以 2011 年 7 月 25 日以后，F_2 断层的观测主要以标志线观测法进行监测。标志线测点位于 12 中段 F_2 断层揭露处，选取条件较好的两个点设立标志线观测，每隔 3 个月读取一次数据，标志线观测 F_2 断层滑移量如图 5-9 所示。图 5-10 和图 5-11 分别表示 F_3 断层和 F_4 断层的多点位移计监测曲线。

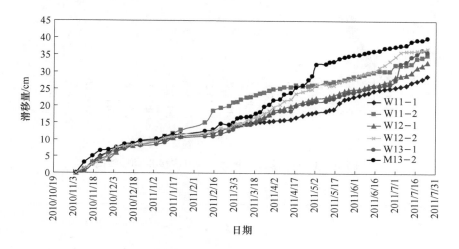

图 5-8 F_2 断层多点位移计各测点位移-时间曲线图

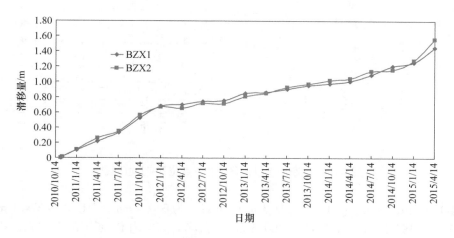

图 5-9 标志线观测 F_2 断层滑移量-时间监测曲线

监测日期为从 2010 年 11 月至 2015 年 4 月。采矿高程从 14 中段至 15 中段回采结束，进行深部 16 中段矿体回采和 17 中段开拓。主要取得监测结果如下：

（1）截至 2011 年 7 月 25 日，用于监测 F_2 断层的各测点累计位移量分别为：

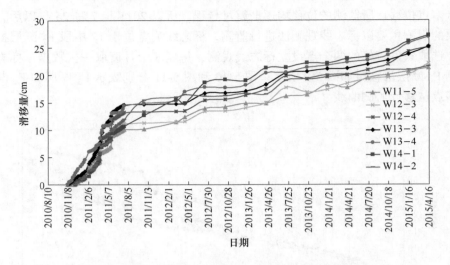

图 5-10 F₃ 断层多点位移计各测点位移-时间曲线图

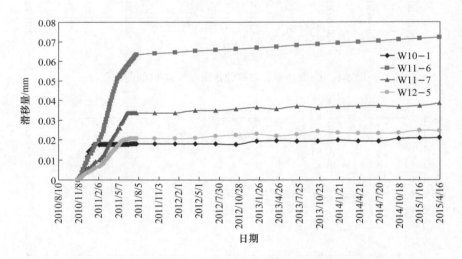

图 5-11 F₄ 断层多点位移计各测点位移-时间曲线图

W11-1 为 291. 2 mm，W11-2 为 332. 3 mm，W12-1 为 350. 4 mm，W12-2 为 374. 1 mm，
W13-1 为 385. 3 mm，W13-2 为 400. 5 mm。监测时间段内 F_2 断层的平均累计移动
量为 355. 6 mm，平均移动速率为 1. 36 mm/d。截至 2015 年 4 月 14 日，F_2 断层
标志线监测结果为：BZX1 测点断层累计滑移量为 1. 45 m，BZX2 测点断层累计滑
移量为 1. 56 m。F_3 断层的各测点累计滑移量分别为：W11-5 为 21. 33 cm，W12-3
为 22. 13 cm，W12-4 为 25. 16 cm，W13-3 为 25. 188 cm，W13-4 为 27. 00 cm，
W14-1 为 27. 26 cm，W14-2 为 27. 27 cm。用于监测 F_4 断层的各测点位移值分别

为：W10-1 为 0.021 mm，W11-6 为 0.024 mm，W11-7 为 0.038 mm，W12-5 为 0.072 mm。

（2）从 3 个断层滑移量-时间曲线趋势来看，其中 F_2 断层移动速率较大，深部采动影响下断层活化后，滑移量累计最大，已达到 1.56 m；而 F_3 断层在采动影响下也发生活化，并发生滑移，滑移较大的测点累计位移为 27.27 cm；F_4 断层位移最大的测点为 W11-6，位移为 0.072 mm，其位移值较小，处于正常的误差范围之内，表明监测期内 F_4 断层并未发生活化。

（3）根据监测结果，在相同的监测时间内，下部中段的多点位移计监测位移大于上部中段，且靠近采空区的测点位移大于远离采空区的位移，说明断层的移动是从下向上传播的，从采空区近处向远处发展，断层活化顺序是从 F_2 断层向 F_3 断层，再至 F_4 断层。且从 F_2 断层总体来看，在相同监测时间内，断层西侧测点位移大于断层东侧测点，如 W11-2 位移大于 W11-1，W12-2 位移大于 W12-1，W13-2 位移大于 W13-1，说明 F_2 断层上盘在向采空区方向移动的过程中，还发生沿断层走向右方向的旋转，主要原因是西侧更靠近开采区域。

（4）从监测结果来看，F_2 断层和 F_3 断层错动位移在监测时间内，有突增的现象，尤其是 F_2 断层监测数据比较明显。对比位移变化大的观测时间和采场大爆破时间，可以得知，位移突增较大的点时间均为大爆破时间，或者爆破后短时间内。说明井下大爆破对于断层活化错动具有一定的影响。

5.1.3.2　应力分析

A　锚杆应力计监测结果分析

锚杆应力计所测应力计算公式如下：

$$P = \frac{P'}{A} = \frac{K(f_i^2 - f_0^2)}{A}$$

式中，P 为被测锚杆应力计所受到的应力，MPa；A 为被测锚杆应力计横截面积，m^2；P' 为被测锚杆应力计所受的力，KN；K 为锚杆应力计的灵敏度系数，KN/Hz^2；f_0 为锚杆应力计的初始频率；f_i 为锚杆应力计工作频率。

锚杆应力计读数仪频率增大，所计算结果为正值，受拉力；读数仪频率减小，计算结果为负值，受压力，根据受拉和受压的实际情况，采用不同的灵敏度系数对各测点所测应力进行计算。根据图 5-5 锚杆应力计安装示意图可知，锚杆应力计所测为靠近断层面附近岩体垂直于断层面方向的附加应力的变化情况。各测点受力随时间变化曲线如图 5-12～图 5-14 所示。

锚杆应力计监测结果分析如下：

（1）截至 2015 年 4 月 14 日，用于监测 F_2 断层的各测点的应力值分别为：M11-2 为 9.77 MPa，M12-2 为 10.20 MPa，M13-1 为 11.24 MPa，M13-2 为 11.44 MPa，由于 M11-1 和 M12-1 测点附近被破坏，这两个测点读数截止于 2012 年 7 月 14

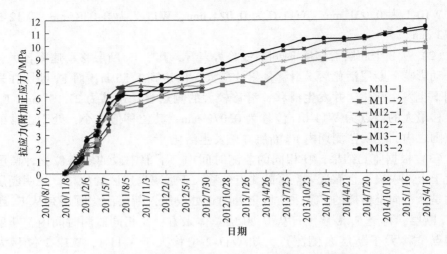

图 5-12 F₂ 断层锚杆应力计各测点应力-时间曲线图

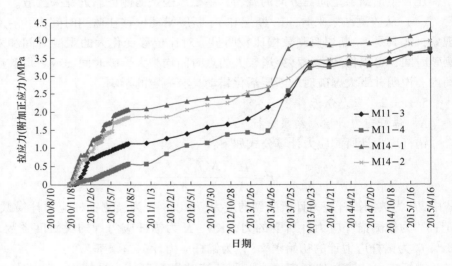

图 5-13 F₃ 断层锚杆应力计各测点应力-时间曲线图

日。监测时间段内 F_2 断层上盘垂直于断层面、距断层面 2 m 处的平均拉应力为 6.65 MPa，F_2 断层下盘垂直于断层面、距断层面 2 m 处的平均拉应力为 5.46 MPa。而用于监测 F_3 断层的各测点应力值分别为：M13-3 为 3.64 MPa，M13-4 为 3.72 MPa，M14-1 为 4.27 MPa，M14-2 为 3.96 MPa。F_4 断层各测点应力均在初始误差范围内，变化较小。

（2）通过计算可知，随着深部持续开采，F_2、F_3 断层面上下盘围岩垂直于断层面产生了附加正应力，并随着时间的推移都有所增加，而 F_4 断层应力值变

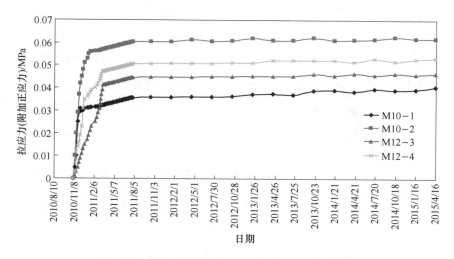

图 5-14　F_4 断层锚杆应力计各测点应力-时间曲线图

化不大。通过数据分析，对比相同时间断层上下盘各测点附加正应力的变化，发现同一断层，断层上盘的附加正应力大于断层下盘的附加正应力，说明断层的存在对于应力分布具有一定阻隔作用。

（3）对比应力变化值比较大的 3 处监测时间和采场大爆破时间，主矿体下盘 15 中段采场进行大爆破作业后，应力值增加较快，说明爆破作业对于断层和围岩中的应力分布影响比较大，也说明采动影响下矿体和围岩中的应力会发生显著变化，地压活动明显增强。

B　钻孔应力计监测结果分析

钻孔应力计安装完毕后，可在读数仪上直接读取频率值和钻孔孔径方向所受压应力。根据图 5-6 钻孔应力计安装示意图可知，钻孔应力计所测应力为钻孔孔径方向所受的压应力，即位于断层面上、下盘附近岩体沿断层面倾向方向所受的附加剪应力的变化情况。现场测出各测点所受压应力随时间变化曲线如图 5-15～图 5-17 所示。

钻孔应力计监测结果分析如下：

（1）截至 2015 年 4 月 14 日，用于监测 F_2 断层的各测点应力值分别为：Z11-2 为 16.50 MPa，Z12-2 为 17.96 MPa，Z13-1 为 19.04 MPa，Z13-2 为 15.75 MPa，Z11-1 和 Z12-1 由于测点附近被破坏，读数截止于 2012 年 7 月 14 日。而用于监测 F_3 断层的各测点应力值分别为：Z13-3 为 8.41 MPa，Z13-4 为 7.67 MPa，Z14-1 为 7.50 MPa，Z14-2 为 6.95 MPa。F_4 断层各测点应力基本没有变化。

（2）通过计算可知，随着深部持续开采，F_2、F_3 断层面上下盘围岩中产生了沿断层面倾向的附加剪应力，并随着时间的推移逐渐增加，而 F_4 断层应力值

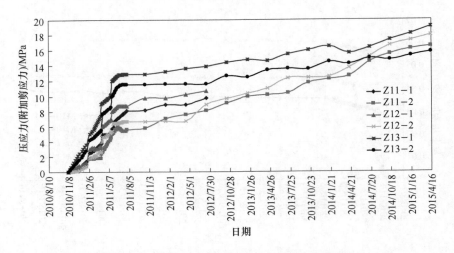

图 5-15 F₂ 断层钻孔应力计各测点应力-时间曲线图

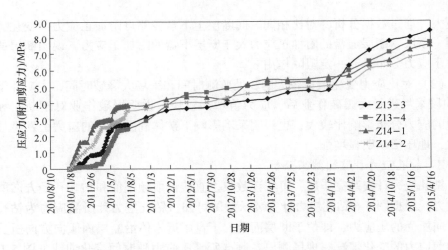

图 5-16 F₃ 断层钻孔应力计各测点应力-时间曲线图

变化不大，处于误差范围内。通过数据分析，对比相同时间断层上下盘各测点附加剪应力的变化，发现断层上盘的附加剪应力大于断层下盘围岩的附加剪应力，说明断层的存在对于应力分布具有一定阻隔作用，断层西侧监测点的附加剪应力变化要大于东侧，说明采动对断层西侧的影响大于东侧，主要由于该侧开采区域距断层更近。

（3）对比 F₂ 断层同一监测位置锚杆应力计和钻孔应力计值，发现断层同一监测位置在相同时间内，产生的附加剪应力大于附加正应力。

（4）对比应力值有突变的监测时间和采场大爆破时间，可以发现大爆破作

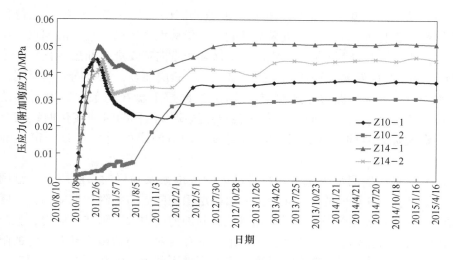

图 5-17 F_4 断层钻孔应力计各测点应力-时间曲线图

业后，应力值增加较快，说明爆破作业对于沿断层面倾向方向的附加剪应力有一定影响。

5.1.4 基于监测成果的断层活化滑移的规律分析

对四年半多的断层活化错动位移的监测数据及断层上下盘围岩中的应力变化监测成果进行综合分析，可以得出以下结论：

（1）根据断层与开采区域位置的相对关系及断层的滑移破坏情况，结合数值分析结果可知：主矿体下盘的 F_2、F_3 和 F_4 断层均为正断层，即断层上盘已发生向采空区方向的移动，或者有向采空区方向移动的趋势。在深部采动影响下，F_2 断层和 F_3 断层面上的正应力减小，抗剪强度降低，当剪应力大于抗剪强度后，发生了向采空区方向的移动和破坏。

（2）在回采 14 中段和 15 中段矿体时，采动影响范围发展到 F_2 断层，F_2 断层发生活化，并且随着时间的推移，滑移量逐渐增大，累计滑移量达 1.56 m。在回采深部 16 中段矿体过程中，采动影响范围波及 F_3 断层，F_3 断层也发生活化，目前累计滑移量大的地方有 27.27 cm，并且随着深部持续向下开采，滑移量不断增加。从监测数据可知，F_4 断层并未发生活化错动，表明采动影响范围未波及 F_4 断层。数值分析结果表明，随着深部开采进行至 13 中段和 14 中段矿体后，F_2 断层首先发生活化，随着 16 中段的回采，F_3 断层受采动影响也产生滑移，而当开采进行至 19 中段时，F_4 断层也发生活化滑移，可见数值计算结果与现场监测结果比较吻合，也验证了数值模拟关于断层活化顺序的计算结果具有一定的可靠性。

（3）从监测数据结果来看，在相同的监测时间内，下部中段的多点位移计监测位移大于上部中段，且靠近采空区的测点位移大于远离采空区的测点，说明断层的移动是从下向上传播的，距离开采区域由近向远发展，断层活化顺序是从 F_2 断层向 F_3 断层发展，再到 F_4 断层。对于 F_2 断层而言，在相同监测时间，断层西侧测点位移大于断层东侧测点，说明 F_2 断层上盘在向采空区方向移动的过程中，还发生沿断层走向右方向的旋转。从应力位移随时间变化曲线结合主矿体下盘大爆破时间来看，可以得出爆破振动对断层的活化具有一定影响的结论。

（4）从应力监测结果来看，当采动影响范围波及断层时，断层上下盘围岩中产生了垂直于断层面的附加正应力和沿断层面倾向方向的附加剪应力，并随着采动影响范围的增加而增加。同一监测位置附加剪应力大于附加正应力，且断层上盘围岩的应力变化值大于下盘，说明断层的存在对应力的传播具有一定的阻隔作用，与数值计算结果较吻合。从而也说明当地下开采影响范围波及断层时，断层面附加正应力的增加会使断层的抗剪强度降低，增加了断层的滑动性，当剪应力超过断层面的抗剪强度后，断层面发生剪切破坏，断层两侧岩体失去稳定性，产生微小错动或整体滑移，这也是 F_2、F_3 断层活化的本质。从监测结果和数值分析来看，F_4 断层还未出现活化现象。

（5）根据断层的活化滑移情况，结合块体理论可知，F_2 断层上盘围岩的移动会导致断层上盘围岩对下盘围岩的限制作用降低，而 F_2 断层下盘围岩正是 F_3 断层上盘围岩，当 F_2 断层上盘围岩对下盘围岩的限制作用小到一定程度时，F_3 断层上盘也会向采空区方向移动，而 F_3 断层移动到一定程度也可能会导致 F_4 断层的错动。所以主矿体下盘受优势断层的控制，断层的移动破坏符合多米诺骨牌效应。

5.2　地表岩移规律的监测及变形特征分析

矿山岩体移动与变形经常会引起矿区重要建筑物的破坏，要想了解移动和变形的动态，及时掌握相关信息，必须进行移动和变形的监测。为此，在开采影响范围内建立了地表变形的监测体系，以期获得高精度的绝对变形和相对变形数据。这对于解释变形产生的原因，了解和掌握其变化规律，进而对变形趋势进行预测等均具有重要的意义。在矿山地表移动与变形观测研究中，传统方法是定期利用水准仪测高程，用全站仪或测距仪测定点位坐标，根据变形值计算公式得出监测点移动与变形值，并拟合出曲线变化，其缺陷是掩盖了时段内非线性变化。大量地表移动研究资料表明，地表变形不是简单的线性，而是多时段非线性的。

GPS 是通过的地面接收机接收卫星信号来达到对地球观测的目的，它是一种集接收机、电池、天线、数据存储器于一体的高精密测量仪器。GPS 技术具有精度高、全天候及连续观测能力等不同于常规地面测量方法的许多特点，使地面常规测量上升到空中卫星接收测量工作，方法上发生了质的改变，大幅度提高了测量的速度和精度。GPS 有着传统观测手段所不能比拟的优点，它不受地形影响，在精度方面能够满足矿山地表变形监测的要求。目前，该技术已经广泛应用于各行各业的监测测量工作之中。GPS 技术在矿山测量过程中也得到了广泛的应用[159-162]，未来必将在矿山的生产和顺利运行过程中发挥更大的作用。

5.2.1 矿区地表岩移监测 GPS 设计及施测

狮子山矿区地表陷落区植被比较茂密，植被高度为 2.5 m 左右，直接通视条件差，不适合常规仪器监测，GPS 监测不受地形影响，在精度方面能够满足矿山地表变形监测的要求。2011 年，为监测地表陷落区情况，在陷落区内有开阔视角的地方建立了 4 个监测点，分别为 C1、C2、C3 和 C4，在陷落区外建立了 3 个基准点，用于观测陷落区变形情况，测点布设示意图如图 5-18 所示。

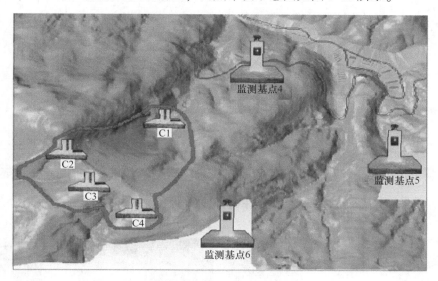

图 5-18 岩移 GPS 监测点及监测基点布设示意图

考虑到永久使用和架设仪器设备方便，不易产生自身变形和位移，监测基准点设计采用 C30 混凝土，埋深大于 1.3 m，参照国家 C 级 GPS 测点布设要求浇筑，顶部安有强制对中器。地表陷落区监测桩主要是用于监测陷落区沉降和水平位移情况，考虑到可靠性和防破坏性，采用"桌式"桩直接布置于陷落区内，视场内障碍物的高度角不超过 15°，以便满足 GPS 观测视角要求。各监测点布置位置图如图 5-19 所示。现场部分监测点及监测基点图如图 5-20 所示。

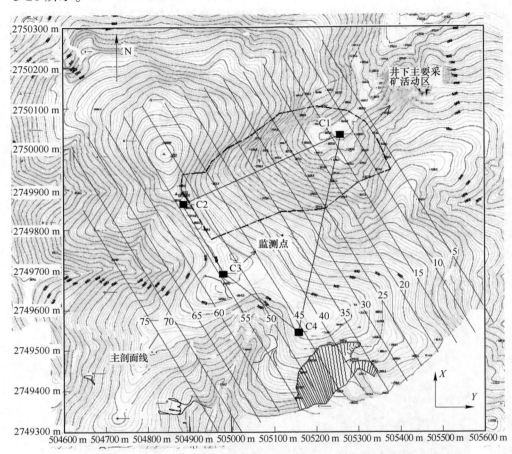

图 5-19 矿区地表岩移 GPS 监测点与主要采矿活动对照图

图 5-20 现场部分监测点及监测基点图片

5.2.2 矿区地表岩移监测成果及变形特征分析

5.2.2.1 监测数据成果

自 2011 年布设 GPS 监测点以来，共进行了 6 期的监测，以第一期监测数据为参考基准，各期监测时间及监测数据见表 5-1。其中，间差 X、Y、Z 分别为当期与上一期在 X、Y、Z 方向的变化值，累差为 X、Y、Z 方向累计变化值。

5.2.2.2 监测点水平位移变化分析

变形监测点位移的时间效应分析是反映变形监测点随地下开采的变化情况，通过建立变形监测点与时间对应关系，得到各监测点移动变形的动态演化趋势。基于矿区地表现场监测数据，绘制了 X、Y 方向累计变形与时间关系曲线图（见图 5-21 和图 5-23），以及 X、Y 方向期间变形速率-时间曲线图（见图 5-22 和图 5-24），以此分析矿区地表水平移动变形规律。

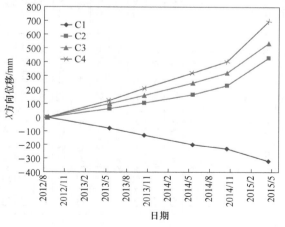

图 5-21 各测点 X 方向累计水平位移量

表 5-1 矿区地表陷落区岩移监测成果表

期数	点号	X	Y	Z	间差 X/m	累差 X/m	间差 Y/m	累差 Y/m	间差 Z/m	累差 Z/m	监测日期
1	C1	2750034.0699	505261.1253	1829.0205	0.0000	0.0000	0.0000	0.0000	0.0000	0.0000	2012/8/2
	C2	2749862.4562	504884.4419	2067.1025	0.0000	0.0000	0.0000	0.0000	0.0000	0.0000	
	C3	2749692.7215	504983.6704	2052.7917	0.0000	0.0000	0.0000	0.0000	0.0000	0.0000	
	C4	2749547.5164	505159.7707	2038.8949	0.0000	0.0000	0.0000	0.0000	0.0000	0.0000	
2	C1	2750033.9904	505261.1380	1828.9320	-0.0795	-0.0795	0.0127	0.0127	-0.0885	-0.0885	2013/5/21
	C2	2749862.5194	504884.5754	2066.9677	0.0632	0.0632	0.1335	0.1335	-0.1348	-0.1348	
	C3	2749692.8213	504983.8211	2052.5943	0.0998	0.0998	0.1507	0.1507	-0.1974	-0.1974	
	C4	2749547.6399	505159.8151	2038.7657	0.1235	0.1235	0.0444	0.0444	-0.1292	-0.1292	
3	C1	2750033.9376	505261.1292	1828.9186	-0.0528	-0.1323	-0.0088	0.0039	-0.0134	-0.1019	2013/10/16
	C2	2749862.5609	504884.6870	2066.8814	0.0415	0.1047	0.1116	0.2451	-0.0863	-0.2211	
	C3	2749692.8792	504983.9350	2052.4831	0.0579	0.1577	0.1139	0.2646	-0.1112	-0.3086	
	C4	2749547.7279	505159.8386	2038.6715	0.0880	0.2115	0.0235	0.0679	-0.0942	-0.2234	
4	C1	2750033.8692	505261.1270	1828.8649	-0.0684	-0.2007	-0.0022	0.0017	-0.0537	-0.1556	2014/5/14
	C2	2749862.6223	504884.8125	2066.7432	0.0614	0.1661	0.1255	0.3706	-0.1382	-0.3593	
	C3	2749692.9710	504984.0749	2052.2850	0.0918	0.2495	0.1399	0.4045	-0.1981	-0.5067	
	C4	2749547.8403	505159.8913	2038.5161	0.1124	0.3239	0.0527	0.1206	-0.1554	-0.3788	
5	C1	2750033.8386	505261.1156	1828.8742	-0.0306	-0.2313	-0.0114	-0.0097	0.0093	-0.1463	2014/10/9
	C2	2749862.6882	504884.8940	2066.6200	0.0659	0.2320	0.0815	0.4521	-0.1232	-0.4825	
	C3	2749693.0444	504984.1352	2052.1625	0.0734	0.3229	0.0603	0.4648	-0.1225	-0.6292	
	C4	2749547.9218	505159.8926	2038.4245	0.0815	0.4054	0.0013	0.1219	-0.0916	-0.4704	
6	C1	2750033.5186	505261.0726	1828.4132	-0.0887	-0.3200	-0.0333	-0.0430	-0.3147	-0.4610	2015/4/14
	C2	2749863.1182	504885.5320	2065.7420	0.1980	0.4300	0.1859	0.6380	-0.3955	-0.8780	
	C3	2749693.5824	504984.8482	2052.0494	0.2151	0.5380	0.2482	0.7130	0.5161	-0.1131	
	C4	2749548.6198	505160.0726	2037.6925	0.2926	0.6980	0.0581	0.1800	-0.2616	-0.7320	

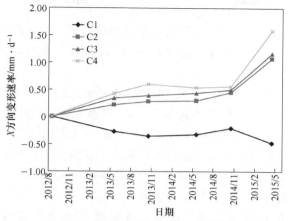

图 5-22 各测点 X 方向期间变形速率

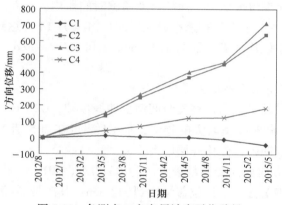

图 5-23 各测点 Y 方向累计水平位移量

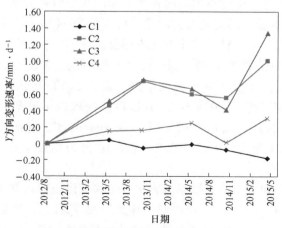

图 5-24 各测点 Y 方向期间变形速率

A　地表 X 方向水平移动变形规律分析

根据各监测点的 X 方向位移随时间演变曲线可知，4 个监测点地表 X 方向水平位移均随时间呈增大的趋势，且 2014 年 11 月以后，地表 X 方向水平移动速率增幅较大。

（1）其中 X 方向累计变形量最大的为 C4 测点，2015 年 4 月最后一期监测中该测点地表 X 方向累计位移量达到 695 mm；其次是 C3 测点和 C2 测点，X 方向累计变形量分别为 538 mm 和 430 mm。C4、C3、C2 测点 X 方向各期监测结果均为正值，表明这三个测点均有向正北方向的水平位移分量，即均有指向矿体下盘的位移。C1 测点最后一期监测 X 方向累计位移量为 -320 mm，表明 X 方向水平位移分量指向正南方向，即矿体上盘方向。

（2）从 X 方向位移变化速率来看，各监测点 X 方向变形速率随时间呈增大—平稳变化—增大的趋势，其中第一期至第三期属于变形速率增加阶段，第三期至第五期变形速率缓慢变化，而第六期监测时间段内，X 方向速率整体呈突变现象，C4 测点 X 方向水平位移速率最大，2015 年 4 月 14 日达到 1.58 mm/d。C3 和 C2 测点 X 方向变形速率分别为 1.16 mm/d 和 1.07 mm/d，而 C1 测点最小，为 -0.48 mm/d。

B　地表 Y 方向水平移动变形规律分析

根据各监测点的 Y 方向位移随时间演变曲线可知，C2、C3 和 C4 监测点地表 Y 方向水平位移均随时间呈增大的趋势，而 C1 测点在前 5 期 Y 方向位移基本没有变化，而在第六期内，位移开始增大。

（1）其中 Y 方向累计变形量最大的为 C3 测点，2015 年 4 月 14 日最后一期监测，该测点地表 Y 方向累计位移量达到 713 mm；其次是 C4 测点和 C2 测点，Y 方向累计变形量分别为 638 mm 和 180 mm。C4、C3、C2 测点 Y 方向各期监测结果均为正值，表明这三个测点均有向正东方向的水平位移分量，即均有指向空区的位移。C1 测点最后一期监测 Y 方向累计位移量为 -43 mm，表明 Y 方向水平位移分量指向西方向，但位移量较小变化不明显。

（2）从 Y 方向位移变化速率来看，C2 测点与 C3 测点在 2012 年 8 月至 2013 年 10 月期间，变形速率呈线性增加，而在 2013 年 10 月至 2014 年 10 月变形速率有所下降，但在 2014 年 10 月以后，变形速率呈急剧增长趋势，其中 C3 测点从第五期的 0.41 mm/d 增加至 1.34 mm/d，C2 测点从 0.55 mm/d 增加至 1.00 mm/d。C4 测点变形速率在 2014 年 10 月为 0 mm/d，而在 2015 年 4 月增加至 0.31 mm/d。

分析总结得出如下结论：根据地表水平位移变形规律可知，各测点水平位移均指向采空区方向，C2 测点累计绝对位移量最大，其次为 C3 测点和 C4 测点，X 方向位移分量远大于 Y 方向位移分量，表明向下盘方向移动分量较大。从变形速率来看，2010 年 8 月至 2013 年 10 月各测点整体水平变形速率缓慢增加，在 2013 年 10 月至 2014 年 10 月变形速率平稳变化，而在 2014 年 10 月至 2015 年 4 月之间，地表水平移动速率急剧增加，表明地表移动正处于活跃阶段。

5.2.2.3 监测点地表沉降变化分析

根据 C1～C4 监测点的垂直方向（Z 方向）位移及期间变形速率随时间演变曲线（见图 5-25 和图 5-26）可知，4 个监测点地表垂直方向累计位移量均随时间呈增大的趋势。其中垂直方向累计变形量最大的为 C3 测点，截至 2015 年 4 月 14 日，该测点地表垂直方向累计位移量达到 -1131 mm；其次是 C2 测点，垂直方向累计变形量为 -878 mm；C4 测点垂直方向累计位移量达 -732 mm；而 C1 测点垂直方向累计位移量达 -461 mm。各测点前 5 期监测累计垂直位移几乎呈线性增加，而第六期内垂直位移速率显著增加。

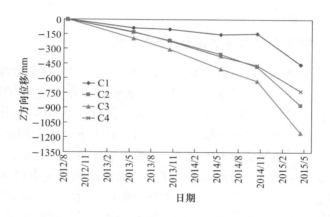

图 5-25 各测点累计沉降量

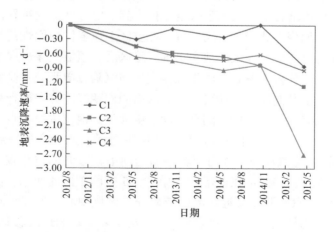

图 5-26 各测点期间沉降速率变化

从垂直方向位移变化速率来看，C3 测点、C4 测点在 2012 年 8 月至 2014 年 5 月间，沉降速率有所减小，随后 2014 年 10 月至 2015 年 4 月期间，测点地表沉降速率又增大，其中 C3 测点从 −0.83 mm/d 增加至 −2.71 mm/d，而 C2 测点从 −0.83 mm/d 增加至 −1.28 mm/d；而 C4 测点和 C1 测点地表沉降速率从第四期内的 −0.62 mm/d 和 −0.004 mm/d 增加至 −0.95 mm/d 和 −0.86 mm/d。

分析总结得出如下结论：根据地表沉降变形规律可知，累计沉量最大的监测点为 C3 监测点，其次为 C2 监测点和 C4 监测点，C1 监测点沉降量最小。C3 和 C4 测点累计沉降量整体分为 3 个沉降阶段，在 2012 年 8 月至 2014 年 5 月间，地表沉降速率缓慢增加；在 2014 年 5 月至 2014 年 10 月间，地表沉降速率减小；而在 2014 年 10 月至 2015 年 5 月，地表沉降速率又急剧增大。C2 测点地表沉降速率一直增加，而 C1 测点在 2014 年 10 月后地表沉降速率开始增加，在此之前沉降速率缓慢起伏变化。

5.2.3 基于监测成果的地表移动变形的机理分析

由于矿体开采形成一定规模的空区后，40 号至 25 号线区域内存在沉陷中心，沉陷区域地表受拉伸作用向沉陷中心移动，地表监测点由此向沉陷中心微小移动，移动方向各不相同。随矿体回采向下延伸，采空区暴露跨度、围岩所处的应力和应力差值、围岩蠕变量均持续增加，这将导致上下盘围岩的变形量增大，围岩作用于空区上覆岩体的变形力也增大，在覆岩挤压变形过程中，地表将产生向采空区方向的变形移动，地表监测点的 X、Y、Z 坐标随之发生相应变化。

矿体继续进一步开采，空区的走向和倾向跨度继续增加，覆岩暴露面积持续扩大，平衡拱所受压力越发明显，拱的跨度与岩体力学物理性质决定顶板的稳定性，如果跨度值增加到垮落的极限值，平衡拱无法支撑上覆岩体，这时将导致顶部岩体不稳定而逐渐冒落。当地下采空区扩大到一定程度，这种冒落逐步传递进而影响到地表，地表由此产生沉陷区域。在空区上覆岩体稳固性差的情况下，沉陷坑的范围就有可能会比较大。地表出现沉陷区后，顶板上覆岩层的水平构造应力逐步得到释放，顶板上覆岩层由于拉伸变形向沉陷方向张裂，受此影响的岩体在自重作用下发生倾倒塌陷，地表监测点因而同样朝沉陷方向进行移动，变化幅度各不相同，沉陷中心附近的监测点移动幅度大于其他位置监测点，整体变化趋势明显。C3 测点的地表累计三维位移监测结果显示，监测点的三维坐标变化趋势均较大，而 C4 测点地表位移由上盘方向指向下盘方向的位移较大。2012 年 8 月至 2013 年 10 月，矿区正在进行 14 中段至 15 中段矿体的回采，因此地表变形速率缓慢增加，因 C3 测点靠近西部飘带矿开采区域中心，所以该点的地表沉降量和水平移动量均较大，而 C2 测点和 C4 测点受采动影响地表移动也逐渐增大。2013 年 10 月至 2014 年 10 月，矿区主要进行东部板岩矿的部分残矿回采和深部

16 中段的开拓，主矿体基本没有开采，所以，地表水平变形速率基本不变，累计水平变形缓慢变化。而 2014 年 10 月至 2015 年 4 月主要进行深部持续工程 16 中段矿体的回采和深部 17 中段矿体的开拓和采准，深部持续开采引起 C2、C3、C4 测点地表移动变形增加较大，而 C1 测点受 25 号剖面线矿体开采的影响，地表移动变形也开始增大。

本章主要研究了井下岩体移动规律的监测及变形特征和地表岩移规律的监测及变形特征，主要得到以下结论：

（1）通过对井下滑移变形规律的综合监测及结果分析，得出了狮子山铜矿主矿体下盘岩体移动变形规律的一些结论。下盘的岩体移动受断层的影响较大，针对断层的活化错动，设计了适用于断层活化滑移的监测系统。采用多点位移计监测断层滑移的位移，而采用锚杆应力计监测断层上下盘围岩中垂直于断层面的正应力的变化，采用钻孔应力计监测断层上下盘围岩中沿断层面倾向方向的剪应力的变化。通过位移与应力的监测，分析了 F_2 断层、F_3 断层及 F_4 断层在深部持续开采过程中的活化变形规律。

（2）根据地表现场 GPS 监测数据，研究了地表监测点的移动变形、位移速率和累积位移变化量与监测时间的关系，得出了矿区崩落法开采下的监测点地表移动变形规律。研究发现，地表移动变形正在往上盘方向发展，且各测点地表沉降和水平移动速率正在急剧增加，地表沉陷正处于活跃发展期。

6 崩落法开采陡倾矿体地表移动与覆岩冒落的规律与机理

6.1 陡倾矿体开采岩体移动的构造应力影响问题分析

高构造应力条件下急倾斜金属矿体开采引起的地表移动、变形规律不同于仅有自重应力条件下的地表移动规律。前者对地表岩体的变形和改造不仅有自重体积力对地表岩体的变形和改造作用，而且还叠加了一个水平系统的变形和改造作用。为了研究及阐述方便，这里将受自重体积力为最大主压应力的研究区称为自重应力型地区，将水平构造应力为最大主压应力的高构造应力研究区简称为构造应力型地区。构造应力型矿山开采引起的地表移动、变形可理解为自重体积力作用与水平构造应力作用双重影响的结果[83-88,162-164]。我国对金属矿山开采地表沉降规律的研究主要是采用建立各类观测站、确定移动角值的方法，这方面长沙矿冶研究院采用岩移随机介质理论对金属矿体开采沉降与急倾斜矿体开采沉降问题进行了大量研究，为构造应力存在条件下开采引起的地表移动规律研究进行了较多尝试[83-88]，并且取得了很多积极的成果。然而，高构造应力区陡倾金属矿体崩落法开采岩体移动规律、发生机制与自重应力型矿体开采条件下岩移的对比研究和宏观破坏特征与机理研究还需要做更多的工作。

6.1.1 模型设计与计算参数

计算采用三维离散单元法软件 3DEC，数值模型剖面示意图及模型的边界约束条件如图 6-1 所示，模型大致通过矿体几何中心，水平尺寸取 3000 m，竖直方向尺寸为 1400 m，矿体厚度为 50 m，倾角为 75°，矿体埋深为 200 m。在模型的两侧面约束水平位移，模型底边界约束垂直位移，模型纵向约束全部位移，模型的上边界为自由表面，数值模拟计算参数见表 6-1。地应力参数与施加方法同 3.3.1 节。

表 6-1 数值模拟计算参数

岩性	密度 $\rho / g \cdot cm^{-3}$	抗拉强度 σ_t / MPa	黏聚力 c / MPa	内摩擦角 $\varphi / (°)$	弹性模量 E / GPa	泊松比
围岩	2.70	1.50	1.0	38	13.06	0.269
矿体	2.70	1.50	1.0	38	13.06	0.269

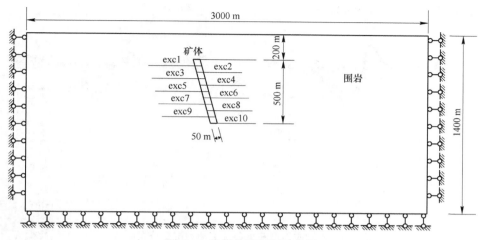

图 6-1　数值模型剖面示意图

　　为了揭示高构造应力条件下开采引起的地表沉降特征与自重应力条件下开采的不同，分别在自重应力条件下和构造应力条件下进行开采模拟，其中构造应力型开采又分为 3 种情况，即水平构造应力与自重应力的比值 σ_h/σ_v 分别为 1、1.5 和 2。每种情况都为单中段由上向下一次回采，每次回采高度为 50 m，回采步骤从 exc1 一直回采至 exc10，全过程共开挖 10 次。

6.1.2　地表下沉和水平移动特征分析

　　对地下开采引起的地表沉降和水平移动分布特征的研究是矿山开采研究工作的重要内容。为对比方便起见，将 4 种条件下不同中段回采结束后地表单元节点位移全部输出，并分别绘制地表沉降分布曲线（见图 6-2）和地表水平移动分布曲线（见图 6-4），图 6-3 和图 6-5 分别为不同应力型开采条件下地表最大沉降量和最大水平位移量随开采深度的变化曲线。

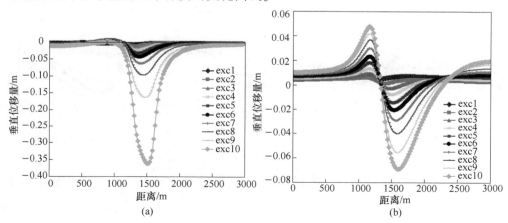

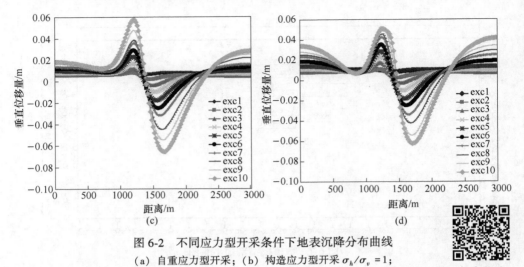

图 6-2 不同应力型开采条件下地表沉降分布曲线

（a）自重应力型开采；（b）构造应力型开采 $\sigma_h/\sigma_v = 1$；

（c）构造应力型开采 $\sigma_h/\sigma_v = 1.5$；（d）构造应力型开采 $\sigma_h/\sigma_v = 2$

查看彩图

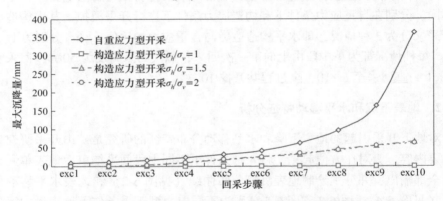

图 6-3 不同应力型开采条件下地表最大沉降量随回采步骤的变化曲线

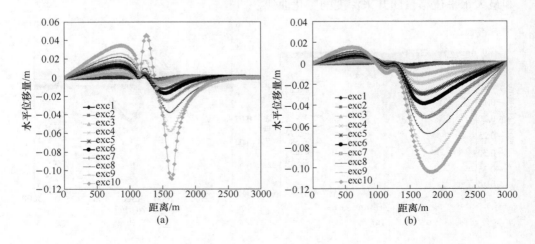

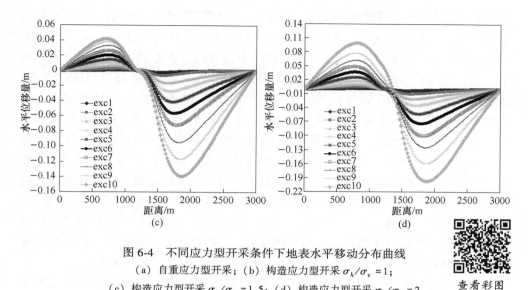

图 6-4 不同应力型开采条件下地表水平移动分布曲线

（a）自重应力型开采；（b）构造应力型开采 $\sigma_h/\sigma_v=1$；

（c）构造应力型开采 $\sigma_h/\sigma_v=1.5$；（d）构造应力型开采 $\sigma_h/\sigma_v=2$

查看彩图

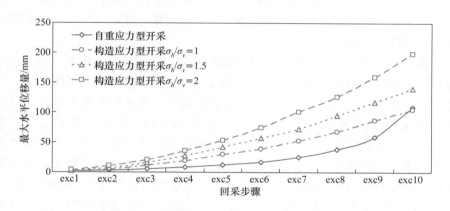

图 6-5 不同应力型开采条件下地表最大水平位移量随回采步骤的变化曲线

从图 6-2（a）可以看到，在只有自重体积力的情况下，地表沉降分布的规律性明显，下沉分布曲线基本上呈对称分布。随着开采深度的加大，地表沉降速率逐渐增加，尤其是第 7 步开挖后，地表沉降速率和沉降量明显开始增大，特别是第 10 步开挖后，形成尖底形状。在整个回采过程中，矿体上盘（图 6-2（a）中心右侧）岩体沉降速率稍大于下盘；且最大沉降中心向矿体上盘方向有一个小幅度偏移，这与矿体陡倾，随开采深度增加，采场向上盘方向移近关系密切。图 6-2（b）为构造应力型开采（ $\sigma_h/\sigma_v=1$ ）引起的地表沉降分布曲线，明显与自重应力型开采沉降特征不同，在矿体上盘方向随着单中段的回采，矿体上盘沉降量逐渐增大，矿体上盘最大沉降中心同样有一个向上盘的小幅度偏移，但是各中段回采结束后的最大沉降量远小于自重应力型开采的最大沉降量，如第 5 步回采结束后，最大沉降量为自重应力型开采的 48.34%，而当第 10 步回采后，最大沉降量为自重应力型开采的 19.06%。矿体下盘方向在水平挤压构造应力的作用下，地表出现了一定的隆起，且随着开采深度的增加，最大隆起量也随之增加，最大隆起量值始终位于矿体顶板正上方位置，如第 10 步开挖后，矿体顶板正上方的隆起量值是下盘最大沉降量的 68.99%。图 6-2（c）为构造应力型开采（$\sigma_h/\sigma_v = 1.5$）引起的地表沉降分布曲线，地表沉降规律与构造应力型开采（$\sigma_h/\sigma_v = 1.5$）相似，在矿体上盘方向随着单中段的回采，矿体上盘沉降量逐渐增大，在下盘方向地表也出现一定的隆起，各回采步骤结束后，地表最大垂直位移量比 $\sigma_h/\sigma_v = 1$ 时略有减小，如第 10 步回采结束后，地表最大沉降量为 $\sigma_h/\sigma_v = 1$ 的 95.49%。图 6-2（d）为构造应力型开采（$\sigma_h/\sigma_v = 2$）引起的地表沉降分布曲线，地表沉降分布曲线特征与前两种类型的构造应力开采相同，各回采步骤结束后，地表最大沉降量与 $\sigma_h/\sigma_v = 1.5$ 时比变化量较小（见图 6-3）。

综上，与自重应力型开采条件相比，构造应力型矿体顶板地表附近出现较小的隆起，且在上盘方向最大沉降量减少，但在沉降中心两侧的区域沉降量较前者大，也就是说，地表沉降盆地的容积增大了，这意味着开采引起围岩势能降低的幅度和自重体积力做功增大了。

图 6-4（a）为自重应力型开采所引起的地表水平移动分布曲线，地表水平位移在矿体下盘方向向右移动，在矿体上盘方向向左移动，都指向沉降中心。各步骤回采后，地表下盘方向的水平位移先增大后减小，在矿体顶板上方地表附近位移接近为 0，左右两侧分别各有一个最大值和极大值。矿体上盘岩体受开采影响，位移大于下盘岩体，上盘地表水平移动值明显大于下盘，上盘最大位移为下盘的 1~3 倍，这主要是由矿体倾向所决定，矿体上盘地表水平移动曲线地表呈尖底状。且随着开采深度的增加，地表最大水平位移量增加速率越来越大。图 6-4（b）为构造应力型开采（$\sigma_h/\sigma_v = 1$）地表水平移动分布曲线，矿体上盘地表的水平位移量明显大于自重应力条件下的值，如第 9 步开挖结束后，地表最大水平移动值是自重应力型开采的 1.49 倍。并且上盘地表水平移动量显著大于下盘，最大水平位移为下盘的 3~5 倍，在矿体上盘水平移动的区域水平移动量也比自重应力型开采大。图 6-4（c）为构造应力型开采（$\sigma_h/\sigma_v = 1.5$）地表水平移动分布曲线，与 $\sigma_h/\sigma_v = 1$ 时相比，各回采步骤结束后，上下盘地表最大水平位移量都有所增加，如第 10 步回采结束后，上盘最大水平位移量为 $\sigma_h/\sigma_v = 1$ 时的 1.33 倍，下盘最大水平位移量为 $\sigma_h/\sigma_v = 1$ 时的 2.83 倍。而当构造应力型开采（$\sigma_h/\sigma_v = 2$）时（见图 6-4（d）），上下盘地表最大水平位移量继续增加（见图 6-5），如第 10 步开挖结束后，上盘地表最大水平位移量为 $\sigma_h/\sigma_v = 1.5$ 时的 1.41 倍，而下盘地表最大水平位移量是 $\sigma_h/\sigma_v = 1.5$ 时的 2.35 倍。

综上，在仅有自重应力条件下，开采所引起的地表垂直位移自始至终都向下，水平位移分量相对较小，即地表岩体移动变形的垂直分量占优势。而在有水平构造应力的情况下，最大沉降量比自重条件下的沉降量要小，而水平位移的最大值则比自重条件下的位移值要大些，且随着水平构造应力的增大，地表水平位移量增加较大，而垂直位移量有略微减小的趋势。水平构造应力的存在，对垂直沉降有减缓作用，而对水平位移有加大的趋势，地表局部呈现出上升回弹变形态势，这是因为，当开采区作为三维空间具有最大表面积的面垂直于最大主压应力的取向时，更有利于岩体由构造运动引起弹性势能的降低，所以伴随此方向的位移也最大。

6.1.3 上下盘围岩移动特征分析

6.1.3.1 位移场分析

图 6-6 为不同应力型开采条件下开采结束后围岩绝对位移分布曲线，矿体开采后，采场的顶底板和上下盘围岩均有指向采空区方向的移动，但自重应力型开采和构造应力型开采条件下采场围岩位移场分布特征不同。下面以第 10 步开挖后位移场分布特征为例进行分析。自重应力型开采后，上盘围岩位移的垂直位移量和水平位移量明显大于下盘，且采空区上下盘最大垂直位移量均大于最大水平位移量，矿体上盘最大位移量为 0.38 m，位于采空区上盘围岩中心位置，如图 6-6（a）

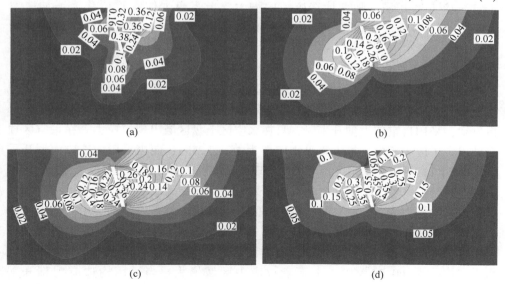

图 6-6 不同应力型开采结束后围岩绝对位移分布图（单位：m）

（a）自重应力型开采；（b）构造应力型开采（$\sigma_h/\sigma_v = 1$）；

（c）构造应力型开采（$\sigma_h/\sigma_v = 1.5$）；（d）构造应力型开采（$\sigma_h/\sigma_v = 2$）

所示，在靠近底板左侧的位置，会出现一定的隆起。在构造应力型开采（$\sigma_h/\sigma_v = 1$）条件下，采空区围岩位移场分布特征明显与自重应力型开采不同，采空区上下盘围岩关于采空区斜向的对称性较为明显，最大水平位移量大于最大垂直位移量，且岩移范围较大，在构造应力的作用下，下盘围岩水平位移量明显增大，下盘围岩最大位移量为自重应力型开采的 1.8 倍；在构造应力型开采（$\sigma_h/\sigma_v = 1.5$）条件下，采空区上下盘围岩水平位移量和垂直位移量都有所增加，最大水平位移量增加较为明显，上盘最大位移量为 $\sigma_h/\sigma_v = 1$ 时的 1.38 倍，而下盘最大位移量为 $\sigma_h/\sigma_v = 1$ 时的 1.58 倍，上下盘围岩绝对位移对称轴线角度增加（见图 6-6（c））；在构造应力型开采（$\sigma_h/\sigma_v = 2$）条件下，矿体上下盘水平位移量继续增加，上盘最大绝对位移量值为 $\sigma_h/\sigma_v = 1.5$ 时的 1.53 倍，而下盘是 1.33 倍，上下盘围岩的水平位移量的增加值明显大于垂直位移量的增加值，且上下盘围岩对称轴线的角度增大，接近垂直方向。

综上所述，在仅有自重应力条件下，开采所引起采空区上下盘的绝对位移值水平移动分量较小，而垂直移动分量较大，上盘位移的绝对位移量远大于下盘，即围岩移动变形的垂直分量占优势，水平位移分量相对较小。而在有水平构造应力的情况下，上下盘围岩绝对位移等值线关于采空区对称性明显，岩体移动的水平分量相对于垂直分量要大，尤其是下盘岩体移动值远大于自重应力型开采，随着构造应力的增大，上下盘岩体水平位移量增加速率大于垂直位移量增加速率，表明水平高构造应力的存在使水平位移有增大的趋势。

6.1.3.2 应力场分析

自重应力型开采，最大主应力接近垂直方向，而构造应力型开采最大主应力接近水平方向，图 6-7 为不同应力型开采条件下围岩最大水平主应力分布图。分析可知，采用自重应力型开采时，只在采空区上盘区域出现拉应力，在采空区顶板处出现了应力集中，最大水平主应力为 16.40 MPa；而当采用构造应力型开采（$\sigma_h/\sigma_v = 1$）后，在采空区顶底板均出现最大水平主应力集中，在顶底板最大水平主应力的集中程度远大于自重应力型开采时，底板最大水平主应力为 43.82 MPa，顶板最大主应力为 20.00 MPa，在采空区上下盘均出现了拉应力集中，最大拉应力值为 2.199 MPa。当采用构造应力型开采（$\sigma_h/\sigma_v = 1.5$）时，采空区顶底板最大水平主应力集中程度增加，顶板最大水平主应力为 33.00 MPa，而底板最大水平主应力为 60.58 MPa，上下盘拉应力区域增大；当采用构造应力型开采（$\sigma_h/\sigma_v = 2$）时，顶底板最大水平主应力集中程度继续增加，其中顶板最大水平主应力为 37.00 MPa，而底板最大水平主应力为 72.64 MPa，上下盘围岩的拉应力区域也继续增大。

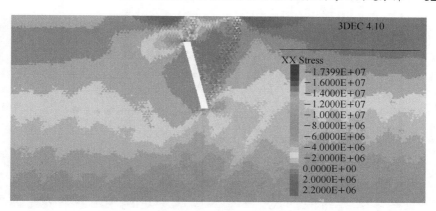

(a)

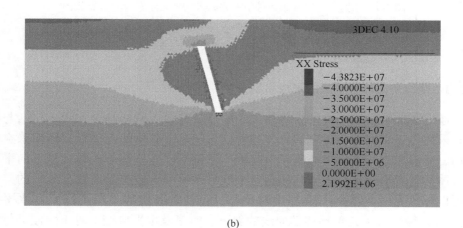

(b)

(c)

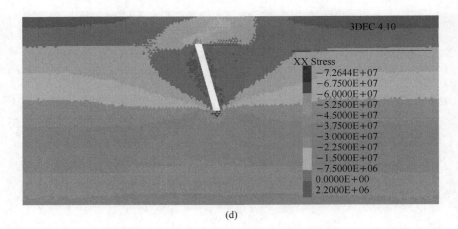

(d)

图 6-7　不同应力型开采条件下开采结束后围岩水平应力分布云图

（a）自重应力型开采；（b）构造应力型开采（$\sigma_h / \sigma_v = 1$）；

（c）构造应力型开采（$\sigma_h / \sigma_v = 1.5$）；（d）构造应力型开采（$\sigma_h / \sigma_v = 2$）

6.1.4　陡倾矿体岩移现象的形成机制分析

地下开采引起地表岩体的移动、变形是受到多因素的综合作用，包括与矿体开采边界正交或近似正交的岩体移动，它们是由矿体的上下盘岩体向采空区移动、变形和进一步发生的破坏引起的，还包括矿体顶部与矿体延伸方向平行的岩体移动变形。从结构破坏的观点来看，连续的地表移动曲线在地表的某一点可以分解为两个方面：（1）绝对位移，包括垂直位移（或沉降）和水平位移；（2）微分移动，包括移动曲线的斜率、曲率及水平应变。对于陡倾矿体的开挖来说，岩体移动则包括两种类型的运动：（1）与矿体开采边界正交或者近似正交的岩体运动，它们是由矿体的上下盘岩层（体）凸向采空区弯曲和进一步破坏而引起的；（2）与矿体开采（上下边界）边界垂直或正交的，包括与矿体延伸方向平行的岩体运动，围岩移动和变形过程中伴随着结构面、岩层界面等软弱面的剪切。这两种类型的岩体运动都包含了水平方向和垂直方向的分量。在采动影响下，岩体移动逐渐传递到地表，并最终在地表形成沉陷盆地。表征地表最终沉陷盆地的曲线则是由 3 种不同的单一沉降曲线共同叠加而成，这 3 种不同的单一沉降曲线分别由矿体的上下盘岩体（层）向采空区弯曲并进一步破坏及矿体顶部与矿体延伸方向平行的岩体运动而引起的。3 种不同的单一沉降曲线共同在地表形成了地表的沉陷曲线。

为直观表征不同应力状态下和不同开采阶段岩体移动的发生机理，分析自重应力型开采和构造应力型开采位移场模拟结果（见图 6-6），总结出自重应力型陡倾矿体开采和构造应力型陡倾矿体开采的岩移规律和机理图（见图 6-8）。

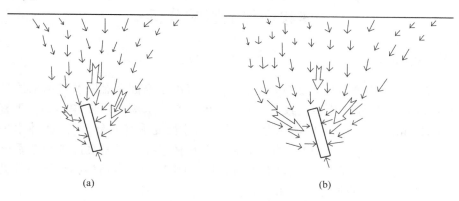

图 6-8　不同应力条件下岩体移动机理示意图
（a）自重应力型陡倾矿体开采岩移方式示意图；（b）构造应力型陡倾矿体开采岩移方式示意图

　　在开采的初期阶段，由于开采的矿体在垂直方向上的尺寸远远小于矿体在水平方向上的宽度，所以这个时期的采区几何形态类似于水平煤层的开采，其沉降曲线在形态上也就类似于水平煤层开采引起的沉降曲线。这个时期虽然也有采空区左右两侧围岩的变形和移动，但移动的范围和幅度远小于采空区顶板岩体移动的范围和幅度。因此这个阶段对于陡倾金属矿体无论是自重应力型还是构造应力型来说，地表沉降曲线特征基本相似。当开采区在垂直方向上的尺寸开始超过水平方向上的尺寸时，两种应力型矿山地表岩移特征开始出现了不同的特点。对于自重应力型陡倾金属矿体，由于在开采区仅有自重体积力作用，尽管开采的矿体上下盘岩体移动变形区域大于顶底板移动变形区域，但是开采区围岩移动是以垂直分量占优势，地表岩体移动变形以整体垂直沉降为主，沉降曲线一直保持为单沉降中心的尖底形特征。对于构造应力型陡倾金属矿体，当开采区在垂直方向上的尺寸大于矿体在水平方向上的宽度时，上下盘岩体的水平移动开始占优势，并逐步发展到地表形成沉降盆地。

　　构造应力型陡倾金属矿体开采沉降小于自重应力型沉降值，但水平移动值和影响范围相对较大。这是由于矿区陡倾岩体结构面走向基本与最大主压应力方向垂直，结构面法向应力较高，岩体陡倾结构面的滑动摩擦阻力大，受开采影响不易松动活化。这在一定程度上减缓了岩体变形的幅度和破坏的程度；此外，在较高的水平构造应力下开采后，采空区围岩的移动变形除垂直分量外，水平方向的移动变形量往往较大且占优势，导致水平移动、变形范围扩大。因此，构造应力的存在一方面减缓了垂直下沉的幅度，另一方面也促进了矿体上下盘地表岩体的水平移动和变形的发展。

6.2 采动影响下矿体倾角与厚度对陡倾矿体岩移规律的影响分析

6.2.1 数值模型

计算采用三维离散单元法软件 3DEC，数值模型剖面示意图及模型的边界约束条件如图 6-9 所示，模型大致通过矿体几何中心，水平尺寸取 3000 m，垂直方向尺寸为 1400 m，假设矿体埋深为 a，矿体延伸长度垂直分量为 b，矿体水平厚度为 c，矿体倾角为 α。在模型的两侧面约束水平位移，模型底边界约束垂直位移，模型纵向约束全部位移，模型的上边界为自由表面，数值模拟计算参数见表 6-1。地应力参数与施加方法同 3.3.1 节。

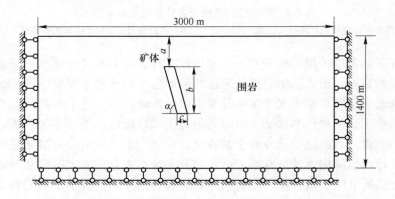

图 6-9 陡倾矿体岩移影响因素的数值模型横剖面示意图

6.2.2 矿体倾角对地表岩移规律的影响

考虑矿体倾角对地表岩移的影响，矿体倾角反映在图 6-9 所示的数值几何模型中即为 α 的不同，其他参数不变。本次计算矿体埋深 a 为 300 m，矿体倾向长度垂直分量 b 为 300 m，矿体水平厚度 c 为 50 m。而 α 分别取 50°、60°、70°、80°、90°。计算时分别采用自重应力型和构造应力型 $\sigma_h/\sigma_v = 1.5$ 两种应力条件进行计算分析。

6.2.2.1 自重应力型开采矿体倾角对地表岩移规律的影响

图 6-10 为自重应力型开采地表垂直位移随矿体倾角变化曲线，图 6-11 为自重应力型开采地表水平位移随矿体倾角变化曲线。分析可得如下结论：（1）在其他条件不变的情况下，陡倾矿体开采时，地表沉降随倾角的减小而急剧增大，如矿体倾角 50°时的最大垂直位移量为矿体倾角 60°时最大沉降量的 16.11%，是

矿体倾角 90°时最大沉降量的 6.13 倍，地表最大沉降量随矿体倾角变化的关系（见图 6-12）可用式（6-1）表示；（2）随着倾角的变大，上下盘地表沉降曲线趋势一致，对称性越来越明显，如矿体倾角为 70°时，模型的对称性好于倾角 60°，而矿体倾角 90°时，地表沉降曲线对称性最好；（3）随着倾角的增大，上下盘地表水平移动量减小，且减小的速率增大，地表最大水平移动量随矿体倾角变化的关系（见图 6-13）可用式（6-2）表示；（4）上盘方向的水平移动向左，下盘方向的水平移动向右，围岩位移矢量指向采空区，上盘方向的水平位移量大于下盘方向，且随着倾角的减小，上盘方向的水平位移量增加速率远大于下盘，

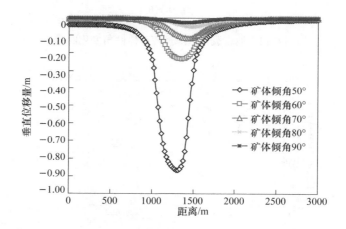

图 6-10 地表垂直位移随矿体倾角变化曲线

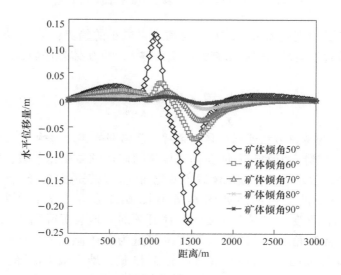

图 6-11 地表水平位移随矿体倾角变化曲线

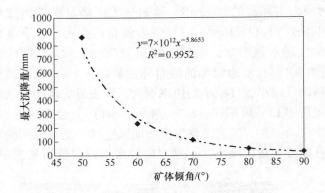

图 6-12 地表最大沉降量随矿体倾角变化曲线

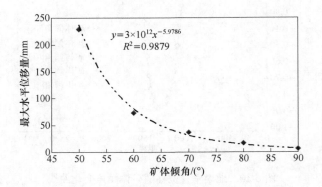

图 6-13 地表最大水平位移量随矿体倾角变化曲线

下盘水平位移量呈现先增大后减小，再增大再减小的趋势；（5）下盘受开采引起移动的影响程度与矿体的倾角有关，倾角越大，即矿体越倾斜，下盘受到的影响越大。

$$y = 7 \times 10^{12} x^{-5.8653} \tag{6-1}$$

$$y = 3 \times 10^{12} x^{-5.9786} \tag{6-2}$$

6.2.2.2 构造应力型开采矿体倾角对地表岩移规律的影响

图 6-14 为构造应力型开采地表垂直位移随矿体倾角变化曲线，图 6-15 为构造应力型开采地表水平位移随矿体倾角变化曲线。地表最大沉降量和最大水平位移量随矿体倾角的变化曲线如图 6-16 和图 6-17 所示。分析可得如下结论：（1）在其他条件不变的情况下，陡倾矿体开采时，地表沉降随倾角的增大而急剧减小，如矿体倾角 50°时的最大垂直位移量为矿体倾角 60°时最大沉降量的1.93 倍，是矿体倾角 70°时最大沉降量的 3.45 倍，地表最大沉降量随矿体倾角变化的关系可用式（6-3）表示；（2）随着倾角的变大，上下盘地表沉降曲线趋

于一致，对称性越来越明显。如矿体倾角为 80° 的模型，其对称性好于倾角 70° 的模型，而矿体倾角 90° 时，地表沉降曲线对称性最好，且出现了两个沉降中心；（3）随着倾角的减小，上下盘地表水平移动量增大，且增大的速率增加，地表最大水平移动量随矿体倾角变化的关系可用式（6-4）表示；（4）上盘的水平移动向左，下盘的水平移动向右，围岩位移矢量指向采空区，上盘的水平位移量大于下盘，且随着倾角的减小，上盘方向的水平位移量增加速率远大于下盘；

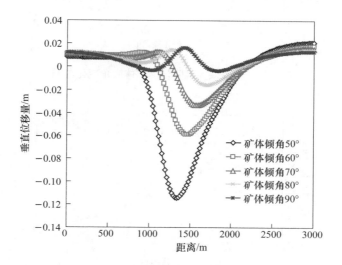

图 6-14 地表垂直位移随矿体倾角变化曲线

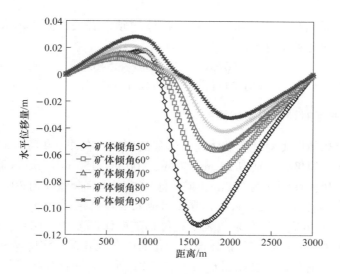

图 6-15 地表水平位移随矿体倾角变化曲线

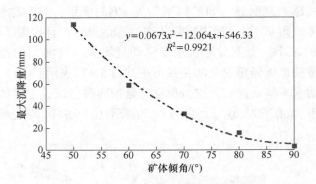

图 6-16 地表最大沉降量随矿体倾角变化曲线

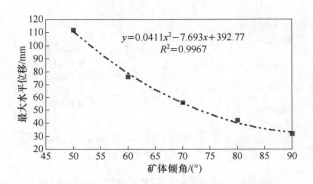

图 6-17 地表最大水平位移量随矿体倾角变化曲线

（5）下盘受开采引起岩移的影响程度与矿体的倾角有关，倾角越大，即矿体越倾斜，下盘受到的影响越大。

$$y = 0.0673x^2 - 12.064x + 546.33 \qquad (6\text{-}3)$$
$$y = 0.0411x^2 - 7.693x + 392.77 \qquad (6\text{-}4)$$

6.2.3 矿体厚度对地表岩移规律的影响

为了研究矿体厚度对陡倾矿体地表岩移的影响，在图 6-9 所示的数值几何模型中，矿体水平厚度 c 分别取 25 m、50 m、100 m、150 m、150 m 和 200 m。其他参数不变，矿体埋深 a 为 300 m，矿体倾向长度垂直分量 b 为 300 m。

6.2.3.1 自重应力型开采矿体厚度对地表岩移规律的影响

图 6-18 为自重应力型开采地表垂直位移随矿体厚度变化曲线，图 6-19 为自重应力型开采地表水平位移随矿体厚度变化曲线。地表最大沉降量和最大水平位移量随矿体厚度的变化曲线如图 6-20 和图 6-21 所示。综合分析可知：（1）在其他条件不变的情况下，陡倾矿体开采时，地表沉降随开采矿体厚度的增大而增

大，且增大的速率逐渐增加，如矿体厚度 200 m 时地表的最大垂直位移量为厚度 150 m 时地表最大沉降量的 1.57 倍，是矿体厚度 100 m 时地表最大沉降量的 2.48 倍，地表最大沉降量随矿体厚度变化的关系可用式（6-5）表示；（2）随着矿体厚度的变大，上下盘地表沉降曲线趋势一致，对称性越来越明显，地表沉降范围扩大；（3）矿体厚度增加后，上下盘地表水平移动量增大，且增大的速率增加，地表最大水平移动量随矿体厚度变化的关系可用式（6-6）表示；（4）上盘的水平移动向左，下盘的水平移动向右，围岩位移矢量指向采空区，上盘的水平位移量大于下盘，且随着厚度的增加，地表水平移动曲线分布规律不变，上盘

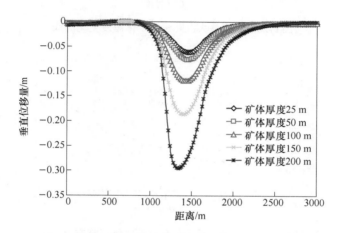

图 6-18 地表垂直位移随矿体厚度变化曲线

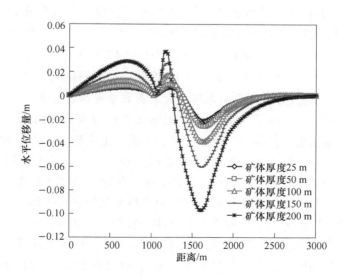

图 6-19 地表水平位移随矿体厚度变化曲线

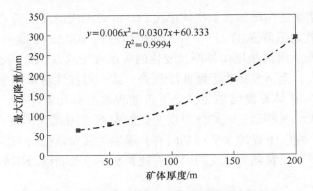

图 6-20 地表最大沉降量随矿体厚度变化曲线

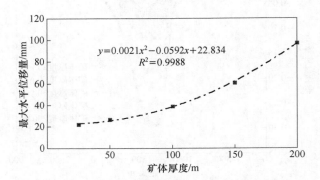

图 6-21 地表最大水平位移量随矿体厚度变化曲线

方向的水平位移量增加速率远大于下盘方向，下盘水平位移量呈现"双峰现象"，即先增大后减小，再增大再减小的趋势。

$$y = 0.006x^2 - 0.0307x + 60.333 \tag{6-5}$$

$$y = 0.0021x^2 - 0.0592x + 22.834 \tag{6-6}$$

6.2.3.2 构造应力型开采矿体厚度对地表岩移规律的影响

图 6-22 为构造应力型开采地表垂直位移随矿体厚度变化曲线，图 6-23 为构造应力型开采地表水平位移随矿体厚度变化曲线。地表最大沉降量和最大水平位移量随矿体厚度的变化曲线如图 6-24 和图 6-25 所示。综合分析可知：（1）在构造应力区，陡倾矿体的开采，地表沉降随开采矿体厚度的增大而增大，且增大的速率逐渐增加，与自重应力型开采一致，地表最大沉降量随矿体厚度变化的关系可用式（6-7）表示；（2）随着矿体厚度的增加，地表移动变形范围扩大；（3）矿体厚度增加后，上下盘地表水平移动量增大，且增大的速率增加，地表最大水平移动量随矿体厚度变化的关系可用式（6-8）表示；（4）上盘的水平移动向左，下盘的水平移动向右，围岩位移矢量指向采空区，上盘的水平位移量大

于下盘，且随着厚度的增加，地表水平移动曲线分布规律不变，上盘方向的水平位移量增加速率远大于下盘，自重应力型开采中，下盘水平位移量呈现的"双峰现象"消失，地表水平移动零值点位于矿体顶板正上方处；（5）对于急倾斜矿体的开采，下盘位置也不是不受开采影响的"安全岛"，特别是构造应力型陡倾矿体的开采，下盘围岩和地表仍有可能存在较大的变形和移动。

$$y = 0.001x^2 - 0.0429x + 24.239 \tag{6-7}$$

$$y = 0.0004x^2 + 0.0751x + 45728 \tag{6-8}$$

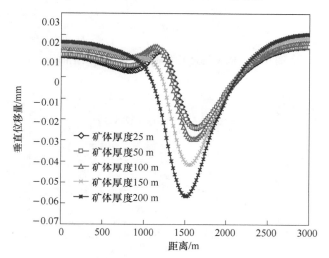

图 6-22 地表垂直位移随矿体厚度变化曲线

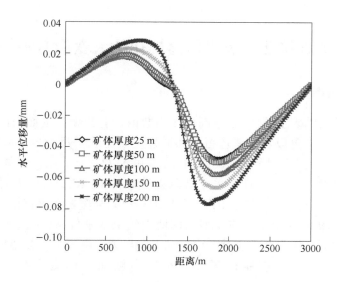

图 6-23 地表水平位移随矿体厚度变化曲线

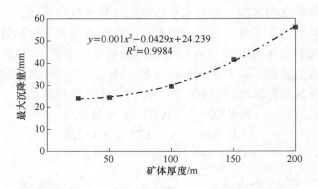

图 6-24　地表最大沉降量随矿体厚度变化曲线

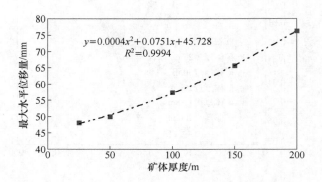

图 6-25　地表最大水平位移量随矿体厚度变化曲线

6.3　矿区地表移动与覆岩冒落规律的大变形有限差分法分析

6.3.1　数值模型

选择狮子山铜矿主矿体 30 号剖面作为数值计算模型。剖面内的岩组主要有青灰色白云岩、炭质板岩、紫色板岩和矿体。模型水平尺寸取 3000 m，竖直方向尺寸为 1400 m，共划分为 40320 单元体和 61731 个节点，矿体厚度为 45～87 m，平均厚度为 66 m。计算采用有限差分软件 FLAC3D，计算时将模型设置"set large"大变形[152-153]进行计算，分析地表移动与覆岩冒落特征，该模型的边界约束条件如图 6-26 所示，在模型的两侧面约束水平位移，模型底边界约束垂直位移，模型纵向约束全部位移，模型的上边界为自由表面，数值模拟计算参数见表 2-3。地应力参数按照矿区实测地应力施加在模型内部，施加方法同 3.3.1 节。

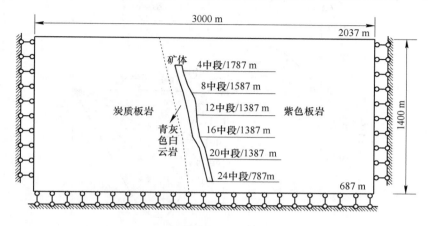

图 6-26 数值模型剖面示意图

根据矿区实际生产设计，阶段高度为 50 m，各中段标高如图 6-26 所示。为了分析随着不同开采深度条件下地表移动和变形曲线分布特征，计算采用单中段一次回采，即每步回采一个中段，从 4 中段一直回采至 24 中段，全过程共开挖 21 次，单次开挖高度为 50 m。

6.3.2 地表移动变形规律分析

各中段回采后，地表沉降曲线如图 6-27、图 6-29 和图 6-31 所示，地表水平移动曲线如图 6-28、图 6-30 和图 6-32 所示。

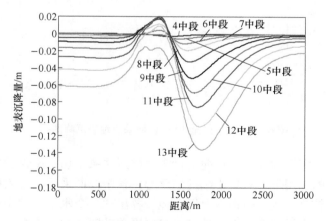

图 6-27 4 中段至 13 中段回采后地表沉降曲线

分析各回采中段地表移动变形曲线，可知：

（1）回采 4 中段至 13 中段过程中，各中段矿体回采后地表沉降曲线趋势较为一致，地表沉降曲线最大下沉中心向矿体上盘方向有一个小幅度偏移，这与矿

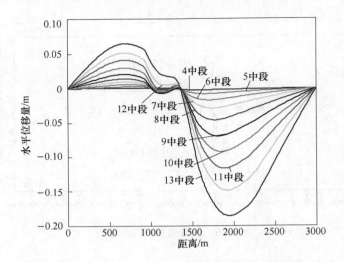

图 6-28 4 中段至 13 中段回采后地表水平移动曲线

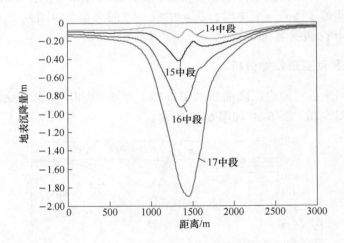

图 6-29 14 中段至 17 中段回采后地表沉降曲线

体陡倾，随开采深度加大，采场向上盘方向移近关系密切，矿体顶板上方地表在挤压构造应力的作用下，有较小幅度的隆起。各中段回采后，地表的水平移动曲线分布趋势也较为一致，在地表上下盘地表各出现一个水平移动中心，下盘水平移动向右，上盘水平移动向左，地表上盘水平移动明显大于下盘，在矿体顶板正上方地表的水平移动接近 0。受水平构造应力的影响，地表各中段回采后，地表水平位移量略大于垂直位移量，如 13 中段矿体回采后，地表最大沉降量为 0.136 m，地表最大水平移动量为 0.185 m，但此时位移均较小，地表水平移动与沉降并不明显。

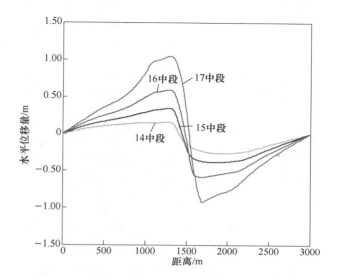

图 6-30 14 中段至 17 中段回采后地表水平移动曲线

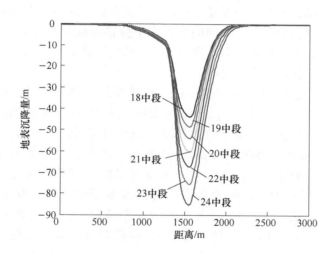

图 6-31 18 中段至 24 中段回采后地表沉降曲线

（2）14 中段至 17 中段的回采过程中，当 14 中段矿体回采后，在地表出现了两个沉降中心，第一个沉降中心位于上盘靠近矿体顶板上方地表 90 m 处，最大沉降量为 0.206 m；第二个沉降中心位于矿体上盘，距离矿体顶板上方地表 480 m 处，最大沉降量为 0.191 m。15 中段矿体回采后，靠近矿体顶板位置的沉降量大于远离矿体顶板位置，即第二沉降中心的最大沉降量大于第一沉降中心。16 中段回采后，地表又呈现单沉降中心。17 中段矿体回采后，地表最大沉降中

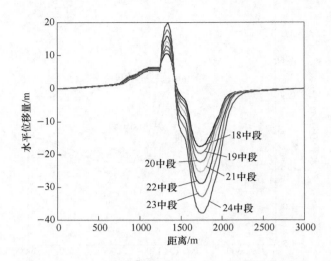

图 6-32　18 中段至 24 中段回采地表水平移动曲线

心有向采空区上盘方向移动的趋势。各中段矿体回采后，地表水平移动零值点向矿体上盘方向移动，随着开采深度的增加，矿体下盘方向的水平移动量在矿体顶板上方达到最大值，矿体上盘方向的最大水平位移值点向上盘方向有一个偏移。开采后，地表最大沉降量开始大于最大水平位移量，且随着开采深度的增加，地表沉降速率和水平移动速率迅速增加。

（3）18 中段至 24 中段回采过程中，当 18 中段矿体回采后，地表沉降急剧增加，地表最大沉降量由 17 中段开采结束后的 4.15 m 急剧增加至 43.862 m，上盘方向的最大水平位移量由 17 中段开采结束后的 1.50 m，迅速增加至 37.939 m，表明随着开采深度的增加，上覆岩层的冒落发展至地表，在地表形成塌陷坑。此后，随着 19 中段至 24 中段的深部持续开采，地表最大沉降量和最大水平位移量缓慢增加，但地表塌陷坑的范围变化不大，地表最大沉降中心位置基本保持不变，矿体上盘方向最大水平位移值点向上盘方向偏移，从18 中段开采结束的 1736 m 位置偏移至 19 中段开采结束的 1766 m 位置。各中段回采结束后，地表沉降曲线形态趋势一致，且地表水平移动曲线也趋势一致。

6.3.3　采空区覆岩冒落规律分析

6.3.3.1　位移场分析

通过各中段不同水平的开挖计算，可得到采空区围岩垂直位移、水平位移及绝对位移等值线图，限于篇幅，本书仅给出部分中段开采后的垂直位移等值线图和水平位移等值线图，如图 6-33 和图 6-34 所示。

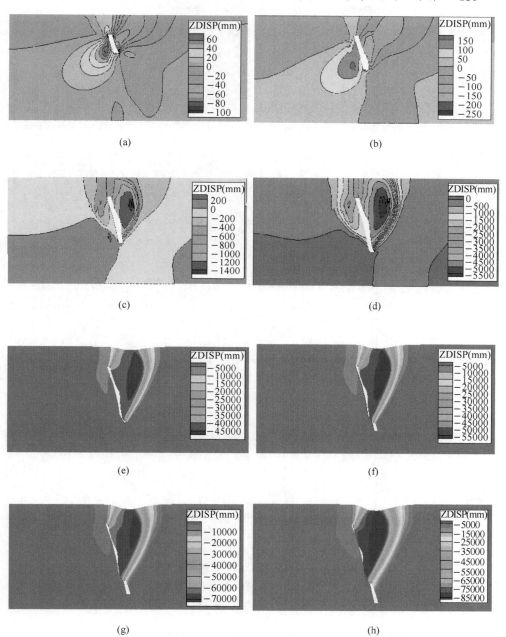

图 6-33 采空区围岩垂直位移等值线图

(a) 8 中段矿体开挖;(b) 12 中段矿体开挖;(c) 15 中段矿体开挖;

(d) 17 中段矿体开挖;(e) 18 中段矿体开挖;(f) 20 中段矿体开挖;

(g) 22 中段矿体开挖;(h) 24 中段矿体开挖

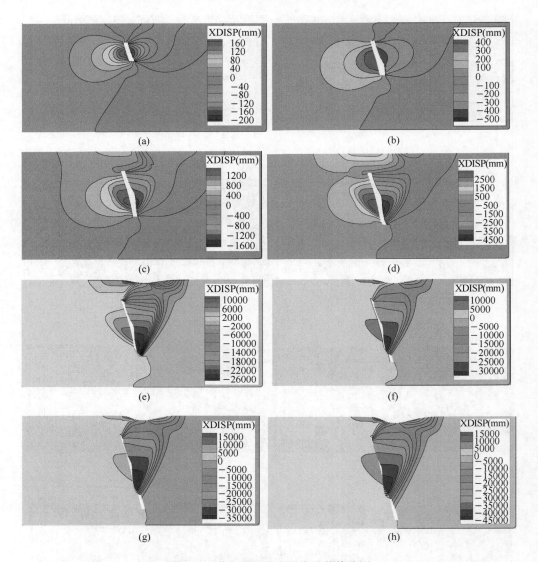

图 6-34　采空区围岩水平位移等值线图

（a）8 中段矿体开挖；（b）12 中段矿体开挖；（c）15 中段矿体开挖；（d）17 中段矿体开挖；
（e）18 中段矿体开挖；（f）20 中段矿体开挖；（g）22 中段矿体开挖；（h）24 中段矿体开挖

开采过程中覆岩的变形与移动规律具体可总结如下：

（1）8 中段以上矿体回采结束后，采空区围岩产生向采空区方向位移，最大垂直位移点位于紧邻采空区中心的上盘围岩中，上下盘围岩垂直位移关于采空区倾向方向对称性较好，上盘最大垂直位移值和最大水平位移值均略大于下盘。上下盘围岩的水平位移大于垂直位移，说明构造应力型矿山在开采初期，由于水平构造应力的释放，即采空区围岩的卸载，会引起上下盘岩体产生拉伸变形，导致水平位移大于垂直位移。但从大变形分析结果来看，采空区稳定性较好，上下盘围岩位移较小，地表变形不大。

（2）12 中段以上矿体回采结束后，上下盘围岩垂直位移和水平位移分布均有所增大，垂直位移和水平位移仍然关于采空区倾向方向有较好的对称性，最大垂直位移和最大水平位移均位于上盘，最大垂直位移和最大水平位移为 8 中段开采后相应位移值的 2.50 倍。上下盘围岩的水平位移值大于垂直位移值。

（3）15 中段以上矿体回采结束后，采空区围岩垂直位移和水平位移范围进一步扩大，最大垂直位移和最大水平位移值点位于采空区上盘围岩中，上盘最大垂直位移值为 1.4 m，为 12 中段开采后最大垂直位移值的 5.60 倍。上盘围岩最大位移值和范围大于下盘，采空区顶板围岩最大位移发展至地表。上下盘围岩的最大水平位移值略大于垂直位移值，说明在塌陷坑形成之前，采空区围岩在水平构造应力作用下以上下盘围岩的卸荷变形为主。

（4）17 中段以上矿体回采以后，上下盘围岩的垂直位移增加速率增大，最大垂直位移值为 5.5 m，为 15 中段开采后最大垂直位移值的 3.93 倍，上盘的垂直位移值和范围明显大于下盘，并且上盘围岩的垂直位移大于水平位移，表明采空区上盘围岩已经开始大范围冒落，并且上盘围岩的冒落已经发展至地表。

（5）18 中段矿体回采结束后，垂直位移主要以上盘围岩位移为主。由于长期开采，上盘围岩随着采空区在平面上和深度上的不断扩大，压力拱效应越明显，拱的跨度也变得越来越大。但是拱的跨度必须与成拱材料的性质相适应，如果跨度太大，采空区顶部岩体不能够形成支撑拱顶时，上部岩体将会变得不稳定，此时，顶部岩体会逐渐大范围垮落至采空区，当地下开采已经形成了足够大的采空区以后，这种垮落会逐渐地传递到地表，在地表形成塌陷坑。上盘围岩的最大垂直位移值为 45 m，为 17 中段开采结束后的 8.18 倍。并且上盘围岩的最大垂直位移值为最大水平位移值的 1.73 倍，表明此时上覆岩层在自重应力的作用下，垂直向采空区方向冒落，充填采空区，并且在地表表现为突然塌陷为深坑。

（6）20 中段以上矿体回采结束后，引起的垂直位移几乎全部位于矿体的上盘，最大垂直位移值为 55 m，是 18 中段开采后的 1.22 倍；22 中段矿体开挖后，上盘围岩最大垂直位移值为 70 m，是 20 中段开挖结束后的 1.27 倍；24 中段矿体回采结束后，上盘围岩的最大垂直位移值为 85 m，是 22 中段矿体开挖结束后的 1.21 倍。上盘覆岩位移主要以垂直位移分量为主。塌陷坑形成以后，随着矿体的持续开挖，覆盖松散岩层会继续向下冒落充填新开挖形成的采空区，导致塌陷坑内松散岩层在重力的作用下继续向下垮落。从塌陷坑范围来看，18 中段大规模覆岩冒落，塌陷坑形成以后，范围变化不明显。

6.3.3.2 应力场分析

地下矿体的采出，在岩体内部形成空区，破坏了原来的平衡应力场。因此，不平衡的应力必然进行传递和调整，其传递和调整的结果，可能导致围岩应力场再次处于平衡状态（这正是我们所期望的状态）；此外，还有另一种可能，由于采动的影响，导致围岩强度降低和松动，因而围岩大范围破坏，整体结构失稳。限于篇幅，本章仅给出部分中段矿体回采之后，采空区围岩的最大主应力等值线图，如图6-35所示。

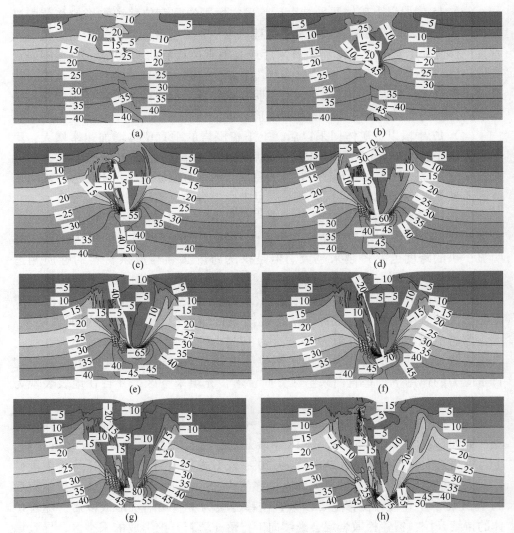

图 6-35 最大主应力等值线图（单位：MPa）

（a）8 中段矿体开挖；（b）12 中段矿体开挖；（c）15 中段矿体开挖；（d）17 中段矿体开挖；

（e）18 中段矿体开挖；（f）20 中段矿体开挖；（g）22 中段矿体开挖；（h）24 中段矿体开挖

随着深部向下开采，应力场变化规律总结如下：

（1）初始应力平衡状态下，最大主应力和最小主应力等值线呈层状分布。应力的分布分层现象明显，从上至下应力依次增大，最大主应力为水平方向，最小主应力为垂直方向，最大压应力为模型底部，炭质板岩区域。

（2）8中段以上矿体回采结束后，由于采空区的存在，破坏了原来的平衡状态。采空区上下盘的应力得到释放，平衡前的主应力层状分布特征消失。最大主压应力沿开采区呈环形分布，最小主应力垂直于开采边界。上盘最大主拉应力区域大于下盘，最大主拉应力为1.96 MPa，顶底板在水平构造应力的作用下，出现应力集中，顶板最大主应力为20 MPa，底板最大主压应力为25 MPa。

（3）12中段以上矿体回采结束后，随着采空区尺寸的增大，采空区上下盘围岩应力释放区域增大，上盘最大主应力释放区域要大于下盘。上盘最大主拉应力值为1.88 MPa，顶底板在水平构造应力的作用下，出现应力集中，顶板最大主应力为25 MPa，底板最大主压应力为45 MPa。

（4）15中段以上矿体回采结束后，最大主压应力沿开采区呈环形分布，最小主应力垂直于开采边界。采空区上下盘围岩应力释放区域继续增大，上盘最大主拉应力区域远大于下盘。上盘最大主拉应力值为1.04 MPa，顶底板在水平构造应力的作用下，出现应力集中，顶板最大主应力为27 MPa，底板最大主压应力为55 MPa。

（5）17中段以上矿体回采结束后，采空区上下盘围岩应力释放区域明显增大，上下盘最大主压应力为10 MPa的区域明显大于15中段开采后，并且上盘最小主应力主要表现为拉应力，拉应力区域一直发展至地表，拉应力区域的增大，增加了上盘围岩的变形破坏范围，最大拉应力值为1.05 MPa，区域远大于下盘。顶板最大主应力为30 MPa，底板最大主压应力为60 MPa。

（6）18中段以上矿体回采结束后，采空区上下盘围岩应力释放区域继续增大，上盘最大拉应力区域继续增大，最大拉应力为1.00 MPa，顶板最大主应力为40 MPa，底板最大主压应力为65 MPa。

（7）20中段、22中段、24中段矿体回采以后，随着上覆岩层的冒落，上覆岩层的最大主应力释放区域进一步增加，最大拉应力范围有小幅增加，采空区顶底板应力集中程度增加。上盘冒落区域，最大主压应力在10 MPa以内，地表塌陷坑边缘出现拉应力，并且随着深部持续开采，最大主拉应力逐渐增大，如24中段矿体回采后，地表最大拉应力为2.06 MPa，在拉应力的作用下，塌陷坑边缘容易发生剪断破坏。在塌陷坑内部最大主应力主要表现为压应力，随着深部持续开采，塌陷坑内部的最大压应力逐渐增加，如24中段矿体回采结束后，塌陷坑内最大压应力为15 MPa。远离采空区一定范围外，最大压应力逐渐恢复层状分布特征。采空区左上角压应力集中，最大压应力为 15 MPa。采空区右上角产生拉应力集中，最大拉应力为 1.61 MPa。

6.4　矿区地表移动与覆岩冒落规律的离散元法分析

6.4.1　数值模型

为了对比验证大变形有限差分法地表移动与覆岩冒落规律计算结果的准确性，同样选择狮子山铜矿主矿体 30 号地质剖面作为平面模型，采用离散单元法 3DEC 建立模型进行分析，模型几何示意图如图 6-26 所示。剖面内的岩组主要有青灰色白云岩、炭质板岩、紫色板岩和矿体。模型水平尺寸取 3000 m，竖直方向尺寸为 1400 m，共划分为 68406 个单元体，地表简化为水平地表，模型底边界约束垂直位移，模型纵向约束全部位移，模型的上边界为自由表面，数值模拟计算参数见表 2-3。地应力参数按照矿区实测地应力施加在模型内部，地应力施加方法与边界条件同 3.3.1 节。

计算采用单中段一次回采，即每步回采一个中段，从 4 中段一直回采至 24 中段，全过程共开挖 21 次，单次开挖高度为 50 m。

6.4.2　地表沉陷规律分析

通过各中段开挖计算，绘制离散单元法 3DEC 与有限差分法 FLAC3D 大变形计算矿体开挖后地表最大沉降量与水平位移量随开采深度变化的关系图，如图 6-36 和图 6-37 所示。

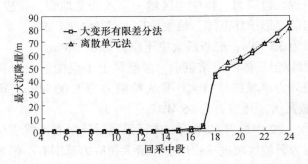

图 6-36　最大沉降量随开采深度的变化关系

分析可知，二者在地表沉降量与水平位移量上数值略有差别，但是水平移动曲线和垂直移动曲线分布特征相同，并且从地表岩移趋势来看，二者计算结果具有相似性，具体表现为：（1）4~13 中段开采过程中，地表缓慢变形，地表最大沉降量和最大水平位移量均很小；（2）14~17 中段开采过程中，地表

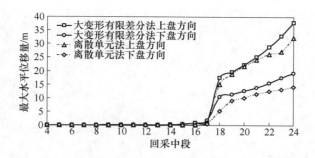

图 6-37　最大水平位移量随开采深度的变化关系

变形速率开始增加；（3）17～18 中段开采过程中，地表最大沉降量和水平位移量急剧增加，在此过程中，塌陷坑形成初期水平构造应力的释放，即塌坑围岩的卸载，会引起围岩大量变形，尤其是上下盘岩体产生拉伸变形，并向塌陷区张裂，张裂岩体会在重力的作用下发生倾倒塌陷。从计算来看，这一过程持续时间较短，即整个 18 中段开采过程中便可以完成，地表形成深约 40 m 的塌陷坑，沉陷区域直径约 750 m；（4）19～24 中段开采过程中，随着深部矿体持续开挖，上覆破坏岩层在重力的作用下，向下冒落充填新开挖区域，导致塌陷坑内围岩位移继续增加，垂直位移远大于水平位移，但塌陷坑的范围增加不明显。

6.4.3　上覆岩层冒落规律分析

6.4.3.1　位移场分析

通过各中段不同水平的开挖计算，可得到采空区围岩垂直位移、水平位移及绝对位移等值线图，图 6-38 为绝对位移等值线图，图 6-39 为位移矢量图。

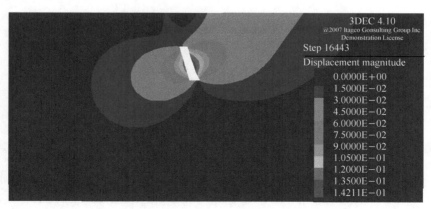

(a)

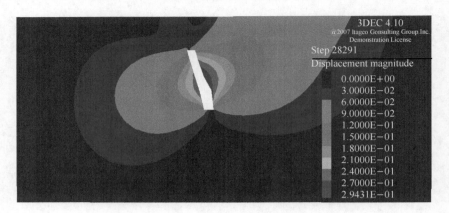

(b)

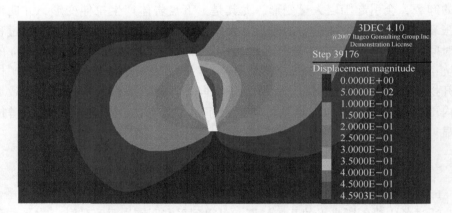

(c)

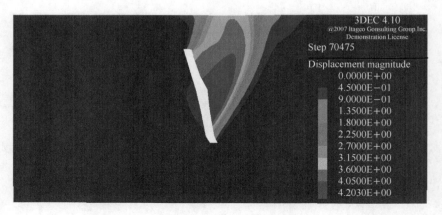

(d)

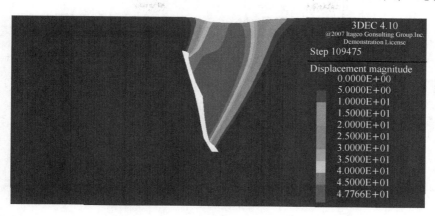

(e)

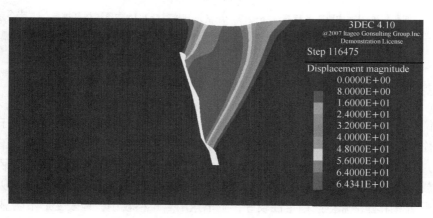

(f)

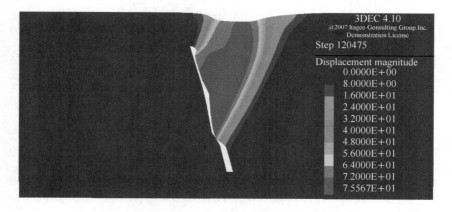

(g)

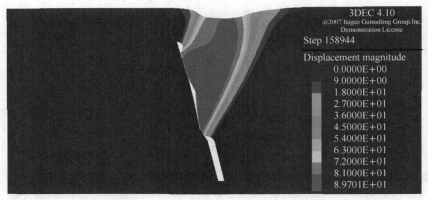

(h)

图 6-38 采空区围岩绝对位移等值线图

(a) 8 中段矿体开挖；(b) 12 中段矿体开挖；(c) 15 中段矿体开挖；
(d) 17 中段矿体开挖；(e) 18 中段矿体开挖；(f) 20 中段矿体开挖；
(g) 22 中段矿体开挖；(h) 24 中段矿体开挖

查看彩图

开采过程中覆岩的变形与移动规律具体可总结如下：

（1）8 中段以上矿体回采结束后，采空区围岩产生向采空区方向的位移，最大绝对位移点位于紧邻采空区中心的上盘围岩中，上下盘围岩最大绝对位移关于采空区对称性较好，上盘最大绝对位移值略大于下盘。上下盘围岩的水平位移大于垂直位移，说明构造应力型矿山在开采初期，由于水平构造应力的释放，即采空区围岩的卸载，会引起上下盘岩体产生拉伸变形，导致水平位移大于垂直位移。但从大变形分析结果来看，采空区稳定性较好，上下盘围岩位移较小，地表变形不明显。

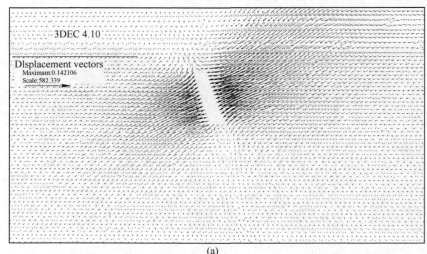

(a)

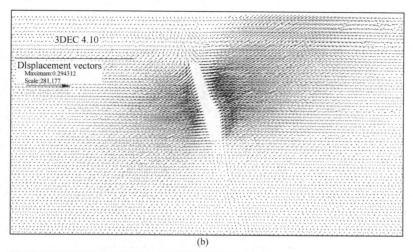

(b)

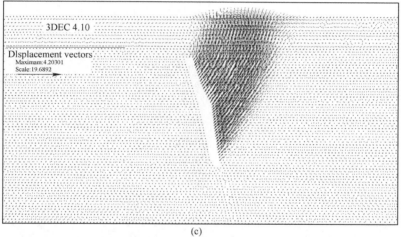

(c)

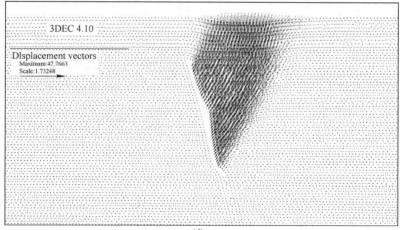

(d)

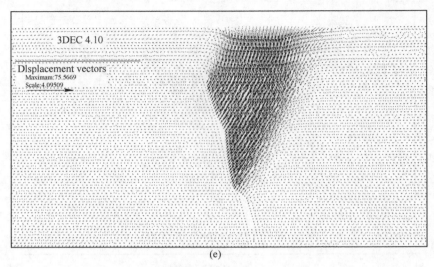

(e)

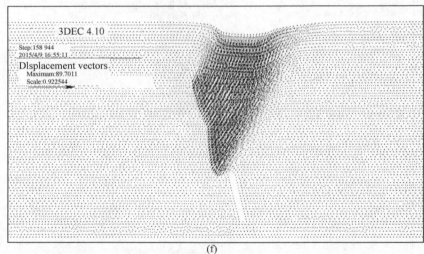

(f)

图 6-39 采空区围岩位移矢量分布图

(a) 8 中段矿体开挖；(b) 12 中段矿体开挖；(c) 17 中段矿体开挖；

(d) 18 中段矿体开挖；(e) 22 中段矿体开挖；(f) 24 中段矿体开挖

（2）12 中段以上矿体回采结束后，上下盘围岩最大绝对位移仍然关于采空区对称性较好，最大绝对位移为 8 中段开采后最大绝对位移值的 2.07 倍。上下盘围岩的水平位移值大于垂直位移值。

（3）15 中段以上矿体回采结束后，采空区围岩最大绝对位移范围进一步扩大，最大绝对位移值点位于采空区上盘围岩中，最大绝对位移值为 0.46 m，为 12 中段开采后最大绝对位移值的 5.43 倍。上盘围岩最大绝对位移值和范围大于下盘,采空区顶板围岩最大位移发展至地表。上下盘围岩的水平位移大于垂直位移,说明在塌陷坑形成之前,采空区围岩在水平构造应力作用下以上下盘围岩的卸荷变形为主。

(4) 17 中段以上矿体回采以后,上下盘围岩的绝对位移增加速率增大,最大绝对位移值为 4.2 m,为 15 中段开采后最大绝对位移值的 9.13 倍,上盘的绝对位移值和范围明显大于下盘,表明采空区上盘围岩已经开始大范围冒落,并且上盘围岩的冒落已经发展至地表。

(5) 18 中段矿体回采结束后,绝对位移主要以上盘围岩位移为主。由于长期开采,上盘围岩随着采空区在平面上和深度上的不断扩大,压力拱效应更加明显,拱的跨度也变得越来越大,如果跨度太大,采空区上覆岩体不能够形成支撑拱顶时,上部岩体将会变得不稳定,此时,顶部岩体会逐渐大范围垮落到采空区,当地下开采已经形成了足够大的采空区以后,这种垮落会逐渐地传递到地表,在地表形成塌陷坑。上盘围岩的最大绝对位移值为 47.77 m,为 17 中段开采结束后的 11.37 倍。并且上盘围岩的垂直位移大于水平位移,表明此时上覆岩层在自重应力的作用下,垂直向采空区方向冒落,充填采空区,并且在地表表现为突然塌陷为深坑。

(6) 20 中段以上矿体回采结束后,引起的绝对位移几乎全部位于矿体的上盘,最大绝对位移值为 64.34 m,是 18 中段开采后的 1.35 倍;22 中段矿体开挖后,上盘围岩最大绝对位移值为 75.57 m,是 20 中段开挖结束后的 1.17 倍;24 中段矿体回采结束后,上盘围岩的最大绝对位移为 89.70 m,是 22 中段矿体开挖结束后的 1.186 倍。最大绝对位移主要以垂直位移分量为主。塌陷坑形成以后,随着矿体的持续开挖,覆盖松散岩层会继续向下冒落充填新开挖形成的采空区,导致塌陷坑内松散岩层在重力的作用下继续向下垮落。从塌陷坑范围来看,18 中段大规模覆岩冒落,塌陷坑形成以后,塌陷坑范围变化不明显。由于上覆岩层冒落充填深部采空区,所以深部空区围岩变形较小。

(7) 通过将离散单元法 3DEC 计算结果与有限差分法 FLAC3D 大变形计算结果对比分析,发现二者计算的地表及采空区上下盘围岩位移虽然在量值上略有差别,但是随着开采深度的增加,地表沉陷、覆岩冒落规律与特征却是一致的。表明大变形有限差分法 FLAC3D 和离散单元法 3DEC 都能够较好地计算覆岩及地表的实时崩落与沉陷状态。最终地表上盘方向将形成沿剖面线方向近 700 m 长的沉陷区域。

6.4.3.2 应力场分析

通过离散单元法计算,可以得到各中段矿体回采后围岩应力场分布特征与规律,限于篇幅,本章仅给出部分中段矿体回采后,采空区围岩的主压应力迹线图,如图 6-40 所示,从应力场分布特征来看,离散单元法与有限差分法,各主应力在数值上略有差别,但是从分布规律和特征来看,不同开采深度,围岩与地表的主应力分布特征和规律较为一致。

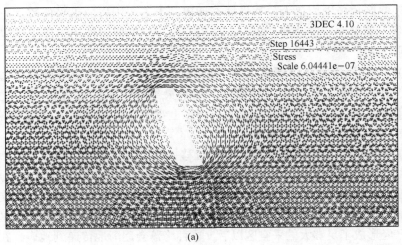

(a)

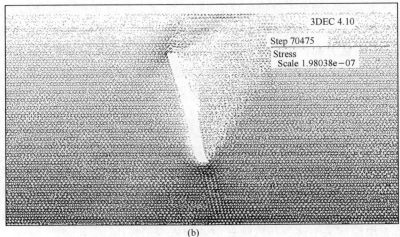

(b)

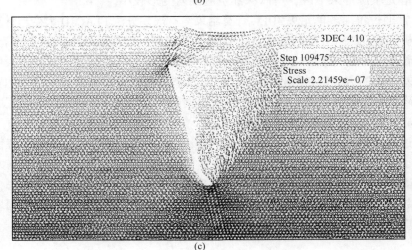

(c)

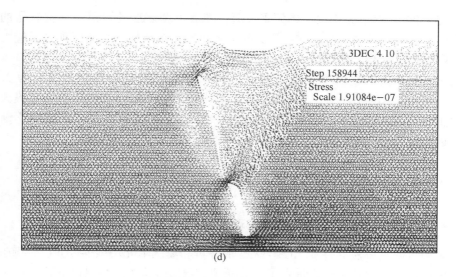

图 6-40 采空区围岩主压应力迹线分布图

(a) 8 中段矿体开挖；(b) 17 中段矿体开挖；(c) 18 中段矿体开挖；(d) 24 中段矿体开挖

几个典型阶段应力场变化规律总结如下：

(1) 初始应力平衡状态下，最大主应力和最小主应力等值区呈层状分布。应力的分布分层现象明显，从上至下应力依次增大，最大主应力为水平方向，最小主应力为垂直方向。

(2) 8 中段以上矿体回采结束后，由于采空区的存在，破坏了原来的平衡状态。在采空区上下盘应力得到释放，平衡前的主应力层状分布特征消失。最大主压应力沿开采区呈环形分布，最小主应力垂直于开采边界。上盘最大主拉应力区域大于下盘，最大拉应力为 1.81 MPa，顶底板在水平构造应力的作用下，出现应力集中，顶板最大主压应力为 22 MPa，底板最大主应力为 26 MPa。

(3) 17 中段以上矿体回采结束后，采空区上下盘围岩应力释放区域明显增大，上下盘拉应力区域明显增大，并且上盘最小主应力主要表现为拉应力，拉应力区域一直发展至地表，拉应力区域的增大，增加了上盘围岩的变形破坏范围，最大拉应力为 2.19 MPa，区域远大于下盘。顶板最大主应力为 30 MPa，底板最大主应力为 55 MPa。

(4) 18 中段以上矿体回采结束后，采空区上下盘围岩应力释放区域继续增大，上盘最大拉应力区域继续增大，最大拉应力为 2.20 MPa，顶板最大主应力为 36 MPa，底板最大主应力为 60 MPa。从主应力矢量场分布来看，采空区围岩最大主应力平行于采空区方向，而最小主应力垂直于采空区边界，上覆冒落岩层的主应力迹线均较小。

（5）22 中段、24 中段矿体回采以后，随着上覆岩层的冒落，上覆岩层的最大主应力释放区域进一步增加，最大拉应力范围小幅增加，采空区顶底板应力集中程度增加。上盘冒落区域和地表塌陷坑边缘出现拉应力，并且随着深部持续开采，最大主拉应力逐渐增大，如 24 中段矿体回采后，地表最大拉应力为 2.20 MPa，在拉应力的作用下，塌陷坑边缘容易发生剪断破坏。在塌陷坑内部最大主应力主要表现为压应力，随着深部持续开采，塌陷坑内部的最大压应力逐渐增加。远离采空区一定范围外，最大压应力逐渐恢复层状分布特征。

6.5　地表移动与覆岩冒落规律与机理综合分析

6.5.1　地表沉陷与覆岩冒落过程及机理分析

采用有限差分法软件 FLAC3D 大变形分析和离散单元法软件 3DEC 对狮子山铜矿由浅部至深部持续开采进行了计算模拟。数值分析主要得出以下结论：

（1）两种软件计算结果在数值上略有不同，但从不同中段矿体开采后的计算结果来看，地表沉陷与覆岩冒落规律具有一致性，不同中段开采结束后，地表和覆岩冒落特征及趋势基本相同，表明两种方法都能较好地模拟崩落法开采覆岩冒落和地表塌陷的特性。

（2）矿区陡倾矿体崩落法深部持续开采引起的岩移规律可总结如下：1）4~13 中段开采过程中，地表缓慢变形，地表最大沉降量和最大水平位移量均很小，在水平构造应力的作用下，上下盘围岩及地表水平移动值大于垂直位移值，但地表位移不明显；2）14~17 中段开采过程中，地表变形速率开始增加，此时上下盘围岩及地表水平移动量仍然大于垂直移动量；3）17~18 中段开采过程中，地表最大沉降量和水平位移量急剧增加，在此过程中，从塌陷坑形成初期，水平构造应力的释放，即塌坑围岩的卸载，会引起塌坑围岩，尤其是上下盘岩体产生拉伸变形，并向塌陷区张裂。张裂岩体会在重力的作用下发生倾倒塌陷，在地表形成塌陷坑。从计算来看，这一过程持续时间较短，即整个 18 中段开采过程中已完成；4）19~24 中段开采过程中，随着深部矿体持续开挖，上覆破坏岩层在重力和残余构造应力共同的作用下，向下冒落充填新开挖区域，导致塌陷坑内围岩位移继续增加，垂直位移远大于水平位移，但塌陷坑的范围增加不明显。

（3）矿区已经完成了 15 中段以上矿体的开采，正在进行深部 16 中段矿体的回采和 17 中段的开拓，从地表地裂缝演化调查情况看，上下盘沉陷区范围沿剖面方向已经达到 680 m。计算结果表明，矿区 17 中段及 18 中段回采过程中，上盘岩体可能发生大范围冒落，并在地表形成沿剖面方向 700 多米的沉陷区，沉陷区中心塌陷坑深度为 40 多米，与实际情况较为吻合。根据现场 GPS 实测结果可知，沉陷区测点地表岩移速率增加幅度较大，沉降速率最大为 0.84 mm/d，地表地裂缝发育加快，且上盘方向地裂缝向外发展较快，验证了计算结果的可靠性。

6.5.2 地表沉陷及覆岩冒落动态演化过程的阶段性分析

根据矿区地表移动与覆岩崩落分析结果，可将矿区陡倾矿体崩落法开采引起的地表沉陷与覆岩冒落划分为 6 个阶段，分别为开采初始阶段、覆岩初始冒落阶段、覆岩大量冒落阶段、地表塌陷阶段、深部持续开采塌陷坑扩展放缓阶段、开采结束地表沉陷衰减阶段。

6.5.2.1 开采初始阶段

在矿山开采初期，第一分段回采进路放矿后，覆岩失去支撑，出现应力重分布。由于开采范围小，采空区跨度和高度均不大，采空区上覆岩体一般会有少量岩石垮落，少量岩石垮落以后，采空区上覆岩体会形成应力平衡拱，构成采空区上覆岩层的支撑拱顶。这种支撑拱顶暂时保证了上部岩体的稳定性。而采空区内崩入大量的矿石和岩石，对覆岩有一定的支撑作用，覆岩顶板不会随着回采而不断冒落。在此阶段，地表将不会发生明显变形，更不会产生显著的开裂破坏。

6.5.2.2 覆岩初始冒落阶段

岩体是一种不均质且含有节理、裂隙的材料，由于岩石顶板的暴露面积增大，以及岩体具有不均质性，再加上岩体内部存在着各种各样的弱面，比如层理、裂隙等，特别是大的断层、破碎带、软弱夹层等，大大削弱了岩体的完整性。根据 Griffith 强度理论，岩体的变形不断发展，岩体内的裂隙不断扩大，相互贯通，直至断裂带相连部分的承载力小于下部岩体的重量，岩石就发生塌落，起初都是沿结构面破裂，但是随着冒落的进行，以及新的自由面的形成，就会引发新的冒落。

初期崩落矿体主要是在低围压下受拉破坏。岩体受拉破坏后，岩体间出现间隙，伴随着岩块在低围压下的移动与旋转，岩块间的压应力将降到微不足道的程度。当岩块的自重下滑力分量克服自重摩擦力时，就会下滑并往下崩落。大面积的拉底，可以把工程最大尺寸平面法线方向的原岩应力转变成拉应力，这些拉应力是破坏矿体并使之崩落的主导力量。拉底面积越大，把压应力转变为拉应力的范围就越大，拉应力值也越高。当预裂区的岩体受到剪切破坏时，岩体将产生相对错动，岩石间压应力将进一步下降，岩块的自重下滑分量克服低围压及自重引起的摩擦阻力，岩块将下滑并崩落。

随着暴露面积不断增大，上覆岩体拉应力开始增加，促使覆岩开始冒落，但由于补偿空间不足，也不能使顶板大量冒落。此时，若采空区暴露面积不再继续扩大，随着崩落向上发展，采空区上盘中央的拉应力逐渐减小并过渡到压应力，覆岩趋于稳定，便可形成稳定的平衡拱。岩石冒落只发生在平衡拱内，同时冒落也逐渐减缓以至停止下来。

6.5.2.3 覆岩大量冒落阶段

随着下一阶段的开拓与开采，顶板岩石的崩落会加剧上部围岩的变形，这种变形必然产生扩张，其结果是导致岩体变形范围扩大。通过强制崩落和自然塌落的反复过程，新的采空区形成，为上部覆盖层向下流动提供了空间，同时也为上覆岩层大量冒落提供了条件。

采空区继续扩大，顶板岩石不断产生阵发性与近似周期性的冒落，扩大冒落范围和高度，当采空区扩大到一定面积后，便可不停顿地冒落，此时的空区面积称为持续崩落面积。此时，即使暴露面积不再扩大，冒落也不停顿向上扩展。当下部放矿引起废石松动和下降时，覆岩随即下沉和崩落，并随之向上发展。

充填在采空区的岩石会逐渐被压缩，上盘岩体会产生相当大的变形而形成裂缝，这些裂缝由下往上逐渐减弱，使最上面的岩层出现平缓的弯曲和大小长短不一的裂缝带，因此矿体开挖后，上盘岩层一般会出现冒落带、裂隙带和弯曲带。

6.5.2.4 地表塌陷阶段

在矿体埋藏较深或矿体顶板岩层十分坚硬且节理裂隙不发育的情况下，围岩的崩落不会达到地表，只能在地表形成下沉盆地。随着时间的推移，岩体的裂隙逐渐地增多、发展，岩石的强度也逐渐地减弱，岩石的弹性模量也逐渐地下降，岩石的性质发生缓慢的变化；同时，岩石的蠕变、风化等作用也促进了岩石的弱化。

当空区覆岩冒落接近地表时，岩体变形不断发展，节理裂隙相互贯通。当冒落到一定程度时，岩体内的剪应力达到了极限值，迅速形成断裂面，顶板岩石将不再以拱形破坏逐渐发展，而是产生整体性变形和破坏。空区上覆岩体受剪切破坏，常以突发性形式呈大规模冒落，直至地面，在地表产生塌陷坑，此时井下也有可能发生气浪危害。在地表塌陷过程中，由于水平构造应力的释放，即塌坑围岩的卸载，会引起塌坑围岩尤其是上下盘岩体产生拉伸变形，并向塌陷区张裂。张裂岩体会在重力的作用下发生倾倒塌陷。这一过程持续时间的长短取决于地下开采形成的采空区的大小、形状及形成过程。水平构造应力的大小决定了张裂范围的大小，并在地下开采过程中决定着张裂范围的扩展速度；塌坑围岩中存在的顺向或陡倾断层或节理等地质缺陷，将有助于塌陷范围的扩展。

6.5.2.5 深部持续开采塌陷坑扩展放缓阶段

对于倾向方向延伸较大的陡倾矿体，当地表塌陷坑形成后，若下部持续崩落开采，新的采空区形成为上部覆盖层及塌陷坑下部破坏松散岩层向下流动提供了空间。上覆破坏岩层在重力和残余构造应力共同作用下，向下冒落充填新采空区，导致塌陷坑内围岩位移继续增加，垂直位移远大于水平位移，但塌陷坑的范围扩展不明显。

6.5.2.6 开采结束地表沉陷衰减阶段

岩体在大规模的开挖条件下，总是表现出显著的黏性，即岩土体的移动、变形和破坏对开挖滞后与开挖停止后的延时现象就是岩体具有这种黏性的具体体现。深部矿体结束后，地表的岩移现象一般不会随开采的结束而突然停止，这是因为岩体的移动和变形的传递是一个由近及远地渐进的过程，它具有开挖停止后的延时效应，此后地表沉陷速率逐渐衰减。

综上，结合狮子山铜矿的开采实际情况、监测情况及地表岩移特征，可以得出结论，矿区在 16 中段回采过程中地表岩体移动、变形与上述地表沉陷形态发展的第三阶段特征相符，即为上覆岩体大量冒落，地表沉陷加速阶段。在 17 中段至 18 中段矿体回采期间逐步向地表塌陷阶段转化。

本章主要研究了陡倾矿体开采岩体移动的构造应力影响问题，采动影响下矿体倾角与厚度对陡倾矿体岩移规律的影响问题，矿区地表移动与覆岩冒落规律的有限差分与离散元仿真，地表移动与覆岩冒落规律和机理等，主要得到以下结论：

（1）分析了构造应力对陡倾矿体开采的影响问题，在仅有自重应力条件下，开采所引起的地表及采空区围岩的绝对位移值水平移动分量较小，而垂直移动分量较大，上盘围岩位移远大于下盘。在有水平构造应力的情况下，地表及围岩绝对位移量关于采空区倾向方向的对称性明显，即下盘围岩位移明显，岩体移动的水平分量相比于铅垂分量要大，尤其是下盘岩体移动值远大于自重应力型开采，随着构造应力的增大，上下盘岩体水平位移量增加速率大于垂直位移量增加速率，表明水平高构造应力的存在使地表及围岩水平位移有增大的趋势。并通过对比，分析了构造应力型陡倾矿体开采岩移现象的特征与形成机制。

（2）分别在自重应力和构造应力条件下，分析了矿体倾角和矿体厚度对陡倾矿体岩移规律的影响。无论是自重应力条件还是构造应力条件，地表最大垂直位移和最大水平位移随矿体倾角的减小而增大，且地表沉降量和水平位移量增加的速率增大，主要原因是埋深一定的条件下，倾角越小，采空区水平暴露面积越大。下盘受开采引起移动的影响程度与矿体的倾角有关，倾角越大，即矿体越倾斜，下盘受到的影响越大。无论是自重应力条件下还是构造应力条件下开采，地表沉降和水平位移随矿体厚度的增大而增加，且增加的速率增大。对于陡倾斜矿体，矿体的下盘位置也不是不受开采影响的"安全岛"，特别是构造应力型陡倾矿体的开采，下盘围岩和地表仍有可能存在较大的变形和移动。

（3）通过有限差分法 FLAC3D 大变形分析和离散单元法 3DEC，对矿区地表沉陷及覆岩冒落的特征、机理及阶段性进行了对比分析。可将矿区陡倾矿体崩落法开采引起的地表沉陷与覆岩冒落划分为 6 个阶段, 即 1) 开采初始阶段; 2) 覆岩初始冒落阶段; 3) 覆岩大量冒落阶段; 4) 地表塌陷阶段; 5) 深部持续开采塌陷坑扩展放缓阶段; 6) 开采结束地表沉陷衰减阶段。根据矿区实际开采情况、地表岩移监测结果及地表岩移特征, 可以得出结论: 矿区 16 中段回采过程中地表岩体移动和变形正处于上述地表沉陷形态发展的第三阶段, 即上覆岩体大量冒落阶段, 在 17 中段至 18 中段矿体回采过程中逐步向地表塌陷阶段转化。

7 崩落法开采陡倾矿体岩移趋势与范围预测

7.1 地表岩移灾害危险性评估与趋势预测

7.1.1 地表岩移灾害成因与危害性

在金属矿山开采中，随着开采深度的加深和采空区的扩大，面临着很多的地质灾害问题。开采造成环境的改变，并引发矿山灾害，造成大量的人员伤亡、设备毁坏及矿产资源损失，尤其是近年来恶性矿山灾害频发，给国家、矿山企业和矿区广大人民群众造成了巨大的生命财产损失，产生了不良的社会影响，严重制约了国民经济和矿山企业的可持续发展。地表沉陷是常见的典型地质灾害，在地表沉陷中矿山开采导致的地表移动危害最大，造成的损失最重。对于金属矿山来说，地表岩移灾害普遍存在，如金川镍矿、程潮铁矿、东乡铜矿、锡矿山锑矿、武山铜矿、凡口铅锌矿等，都存在不同程度的地表岩移灾害。近年来，金属矿山地表岩移、塌陷呈现急剧上升的势头[6,165-166]。

当开采影响发展到地表以后，在采空区上方地表形成一个比采空区水平截面大得多的沉陷区域，这种地表沉陷区域称为地表移动盆地；同时，在地表移动盆地的外边缘区可能产生裂缝。在地表移动盆地、裂缝及塌陷等灾害现象形成的过程中，改变了地表原有的形态，引起了地表高低、坡度及水平位置的变化，从而对位于影响范围内的道路、管路、河渠、建筑物、生态环境等，都带来不同程度的影响和破坏[167]。

对于狮子山铜矿而言，地表岩移灾害问题因采矿方法、地质构造条件等不同而具有自身的特殊性。随着千米深陡倾矿体的持续开采，以及开采规模的不断扩大，将要面临着地表移动变形持续发展及地表陷落区的扩大等岩移灾害问题。可见，开展矿区地表岩移灾害危险性现状评估及趋势预测，对于矿山企业的安全生产具有重要意义。

7.1.2 地表岩移灾害危险性现状评估

矿山地表岩移灾害危险性的评价主要围绕矿区开采影响范围内的地质环境、采矿工程设施的稳定性进行，通过现象揭示灾害可能发生的地点、类别、强度及发生的机制，为采矿工程的安全稳定提供保障[165-168]。

7.1.2.1 地表GPS监测点位移变化趋势情况

受长期采动的影响，狮子山铜矿地表变形较为严重的区域主要分布在60号到10号剖面线之间。从地表监测资料来看，沉降的规模和地表变形的程度都有所加重，各点的累计沉降量都在逐年增长，虽然局部地区监测点由于地形地貌、地质构造条件及岩移机制等影响出现了微隆起现象，但是整体上，在岩移范围内监测点都向着地下采空区方向呈现竖直沉降-水平移动的三维移动、变形的特征。根据本书5.2.3节各监测点的累计位移和位移速率变化图（见图5-21~图5-26）可知，位于地表沉陷区的四个监测点的沉降位移和水平位移速率大小虽然有波动，但是总体上速率是呈现增大的趋势。从变形速率来看，2010年8月至2013年10月各测点整体水平变形速率缓慢增加；在2013年10月至2014年10月，变形速率平稳变化，而在2014年10月至2015年4月期间，地表移动变形速率大幅度增加，表明地表移动正处于活跃阶段，即加速沉陷阶段。

7.1.2.2 地裂缝灾害变化情况

在地表岩移非连续性变形、破坏方面，随着地下开采规模的加大，以地裂缝为宏观特征的地表破坏问题日益突出。2013年10月，作者与矿山测绘部人员对地表采用GPS联测基准点的方法进行了矿区地表地裂缝实测编录，如图7-1所示。

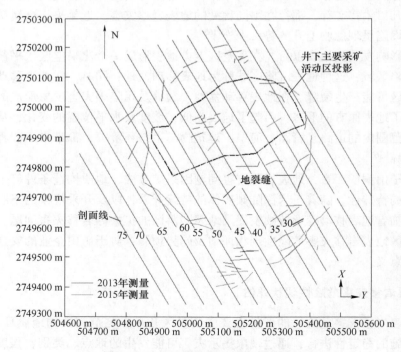

查看彩图

图7-1 矿区地裂缝发展变化实测平面图

在地表东部 15 号至 20 号剖面线之间，1 号监测桩附近出现一直径为 4 m 左右的小塌陷坑，可视深度为 4 m 左右，推测是由于原局部井下采空区垮落和地表雨水汇浸所致（同点于 2008 年也出现一次直径为 5 m、可视深度为 2 m 左右的塌陷坑）。在此陷落坑北面，原垂直危岩已有部分垮塌，还有部分已从主体脱离，呈柱形直立状，东北向上山人行小路裂缝发育较快，深度、宽度均有所增加。

在地表西部 55 号至 60 号剖面线、X 方向坐标 2749628 至 2749756 之间，有一条走向 NW48°、长约 190 m 的台阶状裂缝，台阶平均高度约 1.8 m。往北 2749756 至 2749884 之间，有一条走向 NE9°，延伸长约 130 m 的裂缝，裂缝最大宽度约 30 cm，一直延伸至 2 号测点以西 12 m 处。

在地表北部（矿体下盘方向），55 号至 60 号剖面线之间，X 坐标 2750000 附近，有两条近似平行的裂缝区，裂缝走向约 NE42°，第一条裂缝延伸长度 67 m，第二条裂缝延伸长度 114 m，两条裂缝距离约为 11 m，属于张拉性裂缝。

在地表南部（矿体上盘方向），X 坐标 2749400 至 2749600 之间，主要存在两个裂缝区。第一个裂缝区位于 60 号剖面至 40 号剖面线之间，主要由 4 条地裂缝和许多小裂缝组成，裂缝平均长度约为 60 m，地裂缝近东西走向，呈雁列式分布。第二个裂缝区位于 35 号剖面线至 15 号剖面线之间，走向 NE44°，有两条裂缝贯通形成，延伸近 100 m，地表裂缝呈台阶状分布，台阶平均高度为 0.5 m。

为了解近两年地表裂缝变化情况，2015 年 4 月作者采用同样的方法对地表地裂缝进行了实测编录，并绘制了地表地裂缝发展分布对比图（见图 7-1），通过与 2013 年地裂缝分布情况对比发现，地表陷落范围呈向外增大趋势，地表北部（下盘方向）、南部（上盘方向）裂缝较前期发生较大的变化，几条大的裂缝在矿体走向方向趋于贯通，开裂的宽度明显变大，延伸加剧，地裂缝深度加大，波及的范围更加广泛。地表西部呈几百米的陡坎，台阶高度持续扩大，地表东部新产生的地裂缝有向外扩展的趋势。

在地表东部 10 号至 5 号剖面线之间，新产生 3 条裂缝。第一条裂缝近东西走向，延伸长度为 80 m，最大宽度为 50 cm；第二条裂缝走向 NW49°，延伸长度约为 45 m，裂缝最大宽度为 20 cm；第三条裂缝走向发生转折，延伸长度约为 65 m，走向 NE2°~NE10°，裂缝最大宽度约为 30 cm。与前期相比，地表东部产生的裂缝向外发展了 40 m。

地表西部 55 号至 60 号剖面线、X 方向坐标 2749628 至 2749756 之间，有走向 NW48°的台阶状裂缝，台阶高度最大增加至 2.5 m 左右，并与北部走向 NE9°的裂缝相连贯通。在台阶状裂缝外侧 15~25 m 远处，产生两条新的裂缝，两条裂缝并未贯通，两条裂缝的走向与台阶状裂缝近似平行，最大宽度约为 15 cm。

　　根据实测，地表北部（矿体下盘方向）没有新增地裂缝，前期几条张拉性裂缝宽度进一步扩大，深度也加深，如山顶 65 号至 50 号剖面线之间的裂缝，最大宽度增加至 2.1 m，深度达 8 m。

　　地表南部（矿体上盘方向），第一个裂缝区位于 60 号剖面至 40 号剖面线之间，前期裂缝南部新产生 4 条裂缝，裂缝走向近东西向，为一组雁列式裂缝，最外侧裂缝距前期最外侧裂缝约 64 m，表明第一裂缝区裂缝向上盘方向扩展趋势明显。位于 35 号剖面线至 15 号剖面线之间的第二裂缝区，走向 NE44°，前期两条裂缝已完全贯通，并行向两端延伸，延伸长度为 300 多米，从 40 号剖面一直延伸至 15 号剖面线，走向方向与矿体走向较为接近，在 40 号剖面线至 30 号剖面线之间呈台阶状分布，与前期相比，最大台阶高差增加至 1.9 m，30 号剖面线以东，受地形影响，形成最大宽度约 0.8 m 的张开裂缝。

　　从 2013 年至 2015 年地裂缝的发展变化来看，地裂缝并没有随开采的向下延深而趋于稳定，相反，矿区地表裂缝的变形不论是在分布范围还是在对地表的破坏程度上都出现了增长的事实，尤其是上盘方向（地表东南部），还有继续增长或恶化的趋势。随着深部持续开采的进行，开采引起的上覆岩体不断崩落将进一步对地表变形产生影响，在继续向深部回采的过程中，地表很有可能会在短时间内形成塌陷坑，必须引起注意。

　　图 7-2 为矿区部分地裂缝照片。从图中可以看到，在裂缝发育带，地表山体呈现撕裂、塌落等"触目惊心"的现象。在地裂缝形态方面，地表西部 55 号线至 60 号线，形成类似于正断层式的台阶状地貌特征。地表北部下盘方向和东部的裂缝主要以张拉性裂缝为主，裂缝宽度较大，发育较深，较陡，近于直立。地表南部上盘方向，40 号剖面以东，地裂缝有向南偏东方向呈雁列分式排列的规律，最外侧地裂缝呈台阶状分布，疑为下沉盆地边界，而 40 号剖面线以西，大体上有向南方向雁列式排列的规律。

(a)

图 7-2 矿区部分地裂缝照片

（a）地表东部部分地裂缝照片；（b）地表西部部分地裂缝照片；

（c）地表北部部分地裂缝照片；（d）地表南部部分地裂缝照片

地裂缝测量数据表明，各条裂缝均有变形，而且变形呈现出明显的三维特征，既有张开位移，也有向采空区一侧的下降和水平错动位移，3 个方向上的位移大小在同一量级。其中，在地表北部和东部青灰色白云岩和褐色白云岩地表裂缝两侧的水平错动位移最大，垂直沉降位移次之；位于西部褪色白云岩地表裂缝沉降最大，水平位移次之；位于上盘紫色板岩中的第一裂缝区的变形小于第二裂缝区，但第一裂缝区向南发展的趋势更加明显，而第二裂缝区地表位移主要位于台阶下沉一侧，而另一侧还不明显。

　　地裂缝的产生会改变沉降曲线的分布形态，使得下沉呈现出非连续性移动的特征。分析表明，在地表凹形地貌部位，地表下沉减小，在凸形地貌部位地表下沉将增大；山坡体下坡方向水平移动值也将有所增大，增大的量值与坡体形态与采空区相对位置、表层土特性有关。此外，地裂缝的产生会改变水平移动变形的性质，即在拉伸变形区域出现拉伸变形值减小或转变为压缩变形值，或在压缩变形区域出现拉伸变形或者压缩变形减小的情况，并且会使拉伸变形区域的拉伸变形值增大，压缩变形区域的压缩变形值增大[168]。

7.1.3　地表岩移危害区域的发展演化分析

7.1.3.1　数值模型

　　为尽可能准确分析实际地表在采矿过程中的变形演化规律，考虑到地表起伏形态，尽可能按实际地形建模：模型 X 方向垂直矿体走向方向，长度为 1400 m；模型 Y 方向为矿体走向方向，长度为 1500 m；模型 Z 方向为竖直方向，模型底部标高为 687 m，顶部最高标高为 2117 m，模型最高高度为 1430 m。模型共划分394713 个单元体，411825 个节点，最终生成的网格和矿体的模型如图 7-3 和图7-4 所示。计算采用莫尔-库仑（Mohr-Coulomb）弹塑性本构模型。模型 X 方向两端约束 X 方向位移，模型 Y 方向两端约束 Y 方向位移，模型底部固定位移，模型顶部为自由边界。地应力按矿区实测地应力施加在模型内部，施加方法同 3.3.1节。各岩性宏观岩体力学参数见表 2-3。

紫色板岩
炭质板岩
青灰色白云岩
褪色白云岩
矿体

图 7-3　矿区三维有限差分数值模型　　图 7-4　矿体形态

查看彩图

　　为了真实模拟矿山开采过程中地表位移场的动态演化特征和规律，根据开采深度和时间顺序，开挖计算时，按单中段依次开挖，每次开挖高度为 50 m，由上部 4 中段（1787 m 水平）一直向下开挖至 24 中段（787 m 水平），共开挖 21 次。

7.1.3.2 地表岩移趋势的发展演化分析

　　在矿体自上而下，由 4 中段持续开采至 24 中段的整个过程中，地表岩体的绝对位移、垂直位移和水平位移随开采的进行也在发生着显著的变化。图 7-5 和图 7-6 分别为典型中段矿体回采结束后地表的垂直位移（或沉降）等值线图和地表水平位移（垂直矿体走向方向）等值线图。

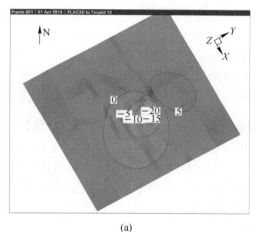

(a)

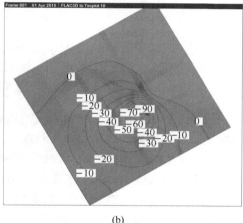

(b)

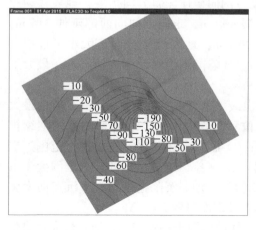

(c)

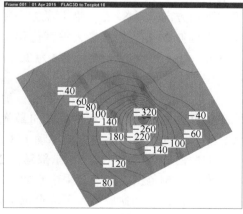

(d)

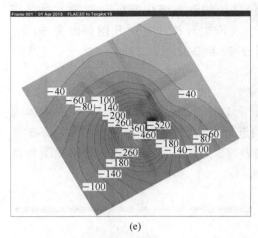 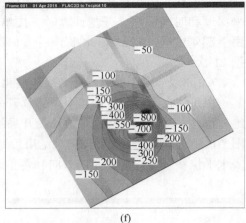

(e)　　　　　　　　　　　　　　　　　　(f)

图 7-5　地表垂直位移等值线图（单位：mm）

(a) 8 中段矿体开挖；(b) 12 中段矿体开挖；(c) 15 中段矿体开挖；

(d) 18 中段矿体开挖；(e) 21 中段矿体开挖；(f) 24 中段矿体开挖

综合分析典型的几个开采阶段的地表垂直位移和水平位移等值线变化情况，分析地表岩移趋势发展演化特征和规律，可知：

（1）8 中段矿体开采结束以后，开挖区正上方地表出现一定的沉陷范围，地表最大垂直位移为 20 mm，地表沿 X 方向最大水平位移为 6 mm，沿 X 相反方向最大位移为 6 mm，沉陷范围近似为圆形，最大下沉点位于 25 剖面附近，地表移动范围沿矿体走向从 60 号剖面至 20 号剖面。

（2）12 中段矿体开采结束以后，地表的移动范围扩大，采空区上盘方向的影响范围大于下盘方向的影响范围，移动范围向矿体倾斜方向扩展，地表移动边界向下盘方向移动 87 m，沿上盘方向扩展 400 m，走向方向向西部延伸 316 m，向东部延伸 24 m，地表最大垂直位移为 90 mm，地表沿 X 方向最大水平位移为 25 mm，沿 X 相反方向最大位移为 20 mm。沉陷范围由圆形变为椭圆形，最大下沉点位于 35 号剖面附近。

（3）15 中段矿体回采结束以后，地表最大垂直位移为 190 m，沿 X 方向最大水平位移为 40 mm，沿 X 相反方向最大位移为 30 mm，地表的移动范围继续扩大，地表移动边界向下盘方向移动 133 m，上盘方向移动边界超出模型范围，走向方向向西部延伸 176 m，向东部延伸 24 m，采空区上盘方向的影响范围大于下盘方向的影响范围，随着开采中心的不断偏移，地表沉陷盆地最大下沉点向南偏东方向偏移，移动盆地最大下沉点位于 25 号剖面以西 20 m 处。

（4）18 中段矿体开挖结束后，地表的移动范围进一步扩大，地表最大垂直位移为 320 mm，沿 X 方向最大水平位移为 70 mm，沿 X 相反方向最大位移为 50 mm，

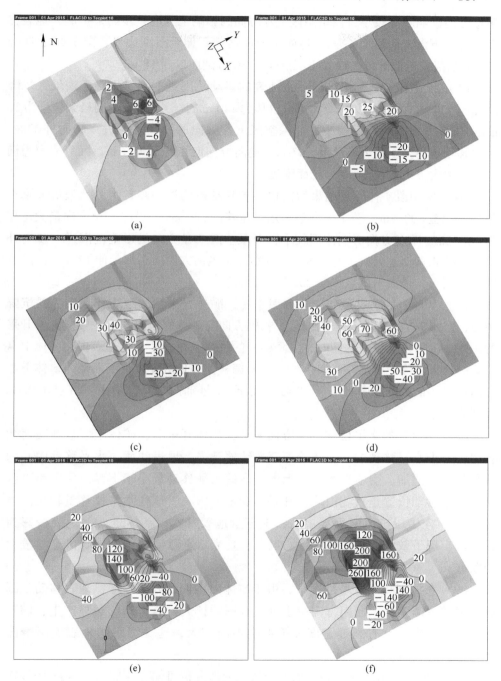

图 7-6　地表水平位移等值线图（单位：mm）
（a）8 中段矿体开挖；（b）12 中段矿体开挖；（c）15 中段矿体开挖；
（d）18 中段矿体开挖；（e）21 中段矿体开挖；（f）24 中段矿体开挖

下盘方向影响范围较小，而采空区上盘方向的影响范围进一步向外扩展，地表移动边界向下盘方向移动 49 m，走向方向向西部延伸至模型边界，向东部延伸 48 m，沉陷范围近似圆形，最大下沉点位于 30 号剖面以西 18 m。

（5）21 中段矿体回采结束后，地表的移动范围进一步扩大，地表最大沉降增加至 520 mm，沿 X 方向最大水平位移为 140 mm，沿 X 相反方向最大位移为 80 mm，下盘方向影响范围较小，而采空区上盘方向的影响范围进一步向外扩展，地表移动边界向下盘方向移动 107 m，走向方向向东部延伸 9 m，沉陷范围为椭圆形，最大下沉点位于 30 号剖面附近。

（6）24 中段矿体回采结束后，地表的移动范围进一步扩大，地表最大垂直位移增加至 800 mm，沿 X 方向最大水平位移为 260 mm，沿 X 相反方向最大位移为 140 mm，下盘方向影响范围较小，而采空区上盘方向的影响范围进一步向外扩展，地表移动边界向下盘方向移动 133 m，走向方向向东部延伸 12 m，沉陷范围为椭圆形，最大下沉点位于 35 号剖面附近。

（7）从地表的垂直位移变化方面来看，矿体开采后，地表存在明显的沉降中心，沉降等值线呈现同心椭圆形，长轴方向与矿体的走向基本一致。随着开采的深入、沉降区域扩大的同时，沉降中心的位置也在发生变化，表现在矿体上盘位置的最大沉降中心继续向矿体上盘方向偏移，并且沉降区也不断地向矿体下盘方向扩展。最大沉降中心位于 35 号剖面至 25 号剖面之间，最大下沉点位于 30 号剖面附近。

（8）从地表的水平位移变化方面来看，矿体开采后，矿体上下盘地表两侧各存在一个水平移动中心。随着深部持续地开采，地表的两个水平移动中心的位移量不断增加，受地形影响，上盘方向的水平移动量小于下盘，原因是下盘最大水平移动位置是较陡山体，开采后受地形影响，该处水平位移量较大。当深部 19~24 中段矿体回采结束后，上下盘地表基本以矿体走向的地表投影为界，均出现了较大的水平移动中心区，且地表水平移动整体的影响区已呈较大规模。

（9）在深部持续开采过程中，由于矿体向南偏西方向延伸，地表移动范围有向南发展的趋势，向南方向由于沉陷范围的扩大，会有新的裂缝产生，随着新裂缝的产生，已有裂缝宽度和破裂会不断扩大，这一结果与地表实际情况吻合。

（10）根据离散单元法和有限差分法大变形分析可知，在回采 17~18 中段矿体过程中，地表发生大范围塌陷，在地表形成塌陷坑。因此，在回采过程中应加强监测，注意地表沉陷变化。

7.2　断层活化滑移的灰色系统预测

灰色系统理论[169-170]是我国著名学者邓聚龙教授在 20 世纪 80 年代初创立的一种兼备软硬科学特性的新理论。该理论将信息完全明确的系统定义为白色系统，将信息完全不明确的系统定义为黑色系统；将信息部分明确、部分不明确的系统定义为灰色系统[170]。正是由于灰色建模理论能够应用数据生成手段，弱化了系统的随机性，使紊乱的原始序列呈现某种规律，规律不明显的变得较为明显，建模后还能进行残差辨识，即使较少的历史数据，任意随机分布也能得到较高的预测精度，因此应用比较广泛。

采动引起的断层活化滑移是受许多因素综合影响的，各个因素对断层滑移的影响程度（权重）较难确定，再加上同一因素在不同区域对断层滑移变形的影响程度不同，因此开采引起的断层活化滑移问题往往表现出复杂性和非线性特征。断层滑移系统中既含有已知信息又含有未知或非确知的信息，因此可作为一个灰色系统来研究。

传统的灰色系统预测主要是基于 GM(1，1) 模型的预测，预测内容包括数列预测、灾变预测、拓扑预测，是应用得最多的一个模型。根据狮子山铜矿断层滑移实测的时间序列数据，建立了灰色微分方程模型，并对该模型的计算结果进行检验，发现该模型误差小、精度高，可用其对断层未来滑移的发展变化进行预测。

7.2.1　灰色系统模型建模原理

GM(1，1) 建模的原理如下：

设有等间隔观测数列为：

$$X^{(0)}(t) = \{x^{(0)}(1)，x^{(0)}(2)，x^{(0)}(3)，\cdots，x^{(0)}(n)\} \tag{7-1}$$

它对应的时间列为：$t = \{t_1，t_2，\cdots，t_n\}$

原始数据的一次累加生成新的时间序列为：

$$X^{(1)}(K) = \{x^{(1)}(1)，x^{(1)}(2)，x^{(1)}(3)，\cdots，x^{(1)}(n)\} \tag{7-2}$$

式中，$x^{(1)}(i) = \sum_{i=1}^{k} x^0(t)$　$(k=1，2，\cdots，N)$。则 $X^{(1)}(K)$ 的 GM(1，1) 模型白化形式的微分方程为：

$$\frac{\mathrm{d}x^{(1)}}{\mathrm{d}t} + ax^{(1)} = u \tag{7-3}$$

记参数列为 $\hat{a}$，对应的矩阵 $\hat{a} = [a，u]^{\mathrm{T}}$。

利用最小二乘法求解 $\hat{a}$ 得：

$$\hat{a} = (B^{T}B)^{-1}B^{T}Y_{N} \tag{7-4}$$

式中，

$$B = \left\{\begin{array}{cc} -\dfrac{1}{2}\left[x^{(1)}(1)+x^{(1)}(2)\right] & 1 \\ -\dfrac{1}{2}\left[x^{(1)}(2)+x^{(1)}(3)\right] & 1 \\ \vdots & \vdots \\ -\dfrac{1}{2}\left[x^{(1)}(n-1)+x^{(1)}(n)\right] & 1 \end{array}\right\}; \quad Y_{N} = \left[\begin{array}{c} x^{(0)}(2) \\ x^{(0)}(3) \\ \vdots \\ x^{(0)}(n) \end{array}\right]。$$

通过计算得到 $X^{(1)}$ 的灰色预测 GM(1，1) 的时间响应函数为：

$$\hat{x}^{(1)}(k+1) = \left(x^{(0)}(1)-\dfrac{u}{a}\right)e^{-ak}+\dfrac{u}{a} \tag{7-5}$$

其还原模型为：

$$\hat{x}^{(1)}(k+1) = -a\left(x^{(0)}(1)-\dfrac{u}{a}\right)e^{-ak} \tag{7-6}$$

式 (7-6) 可作为时间序列的预测模型。

7.2.2　灰色系统模型精度检验

7.2.2.1　模型检验

GM (1，1) 模型建立后，可通过模型进行预测，但预测值是否可靠，即该模型是否精确，必须通过一定的检验和评价标准进行验证，常采用的验证方法有关联分析法和后验差检验法。

关联度是事物之间、因素之间关联性的"量度"，它是根据两曲线间的相似程度来判断的，若关联度大，则认为模型精确度高，若关联度小，就认为模型精度低。

设原始数据序列为 $\{x^{(0)}(i)\}$，预测数据序列为 $\{\hat{x}^{(0)}(i)\}$，其残差为：

$$\varepsilon(i) = \left|x^{(0)}(i)-\hat{x}^{(0)}(i)\right| \quad (i=1,2,3,\cdots,n) \tag{7-7}$$

令 S_{1} 为原始数据的均方差，S_{2} 为残差的均方差，则

$$S_{1}^{2} = \dfrac{1}{n-1}\sum_{i=1}^{n}\left[x_{(k)}^{(0)}-\overline{x}\right]^{2}$$

$$S_{2}^{2} = \dfrac{1}{n-1}\sum_{i=1}^{n}\left[\varepsilon_{(k)}^{(0)}-\overline{\varepsilon}\right]^{2}$$

式中，$\overline{x} = \dfrac{1}{n}\sum_{i=1}^{n}x_{(k)}^{(0)}$；$\overline{\varepsilon} = \dfrac{1}{n}\sum_{i=1}^{n}\overline{\varepsilon}(k)$。

后验差检验指标为:

(1) 后验差比值 C: $C = S_2/S_1$;

(2) 小误差概率 P: $P = p\{\varepsilon(i) - \bar{\varepsilon}\} < 0.6745S_1$。

根据这两个指标,精度检验标准见表 7-1。

表 7-1 模型精度检验标准

预测精度	好	合格	勉强	不合格
P	>0.95	0.95~0.80	0.80~0.70	<0.70
C	<0.35	0.35~0.50	0.50~0.65	>0.65

通常 $e(k)$、$\sigma(k)$、C 值越小,P 值越大,则模型精度越好。若误差较大,精度不够,就必须对残差做进一步的处理。也就是说,必须进行原始数据的残差辨识,即将模型计算值 $\hat{x}^{(1)}(i)$ 与原始累加值 $x^{(1)}(i)$ 间的差再建立 GM(1, 1)模型,称为残差 GM(1, 1) 模型。将残差 GM(1, 1) 模型的计算值加在原模型计算值上,然后继续求残差,并检验结果是否达到要求,若未达到,继续进行第二次残差建模,最后从中选择一个误差较小的模型进行预测。

7.2.2.2 残差修正模型

记 $e(k) = x^{(0)}_{(k)} - \hat{x}^{(0)}_{(k)}$,当然我们知道 $e(k)$ 并不一定全为负或全为正。这时我们令 $m = \min\{e(k)\}$,同时令 $y(k) = e(k) - m$,则 $\{y(k)\}$ 是一个非负序列,采用前面的方法建立它的预测 GM 模型,求解,得到其预测值 $\hat{y}(k)$,而后还原残差预测值 $\hat{e}(k) = \hat{y}(k) + m$,最后用 $\hat{e}(k)$ 修正原来的预测值,得到修正后的预测值为 $\hat{x}(k) = \hat{x}^{(0)}_{(k)} - \hat{e}_{(k)}$。

7.2.3 求解断层滑移的时间预测模型

以狮子山铜矿 F_2 断层 BZX1 号测点断层滑移量为例,计算模型中的参数,求解时间响应模型。时间间隔为三个月,取从 2012 年第 1 个三个月至 2015 年第 13 个三个月监测点 BZX1 的 13 个数据进行研究,时间序列为:

$$x^{(0)}(t) = \{1 \text{ 个三个月}, 2 \text{ 个三个月}, \cdots, 13 \text{ 个三个月}\}$$
$$= \{702, 745, 753, 851, 864, 904, 957, 981, 1011, 1093, 1208, 1259, 1451\}$$

对 $x^{(0)}(t)$ 进行累加,得到 $x^{(1)}(k)$ 序列:

$$x^{(1)}(1) = \sum_{k=1}^{1} x^{(0)}(k) = x^{(0)}(1) = 702$$

$$x^{(1)}(2) = \sum_{k=1}^{2} x^{(0)}(k) = x^{(o)}(1) + x^{(0)}(2) = 1447$$

$$x^{(1)}(3) = \sum_{k=1}^{3} x^{(0)}(k) = \sum_{k=1}^{2} x^{(0)}(k) + x^{(0)}(3) = 2200$$

$$x^{(1)}(4) = \sum_{k=1}^{4} x^{(0)}(k) = \sum_{k=1}^{3} x^{(0)}(k) + x^{(0)}(4) = 3051$$

$$x^{(1)}(5) = \sum_{k=1}^{5} x^{(0)}(k) = \sum_{k=1}^{4} x^{(0)}(k) + x^{(0)}(5) = 3915$$

$$x^{(1)}(6) = \sum_{k=1}^{6} x^{(0)}(k) = \sum_{k=1}^{5} x^{(0)}(k) + x^{(0)}(6) = 4819$$

$$x^{(1)}(7) = \sum_{k=1}^{7} x^{(0)}(k) = \sum_{k=1}^{6} x^{(0)}(k) + x^{(0)}(7) = 5776$$

$$x^{(1)}(8) = \sum_{k=1}^{8} x^{(0)}(k) = \sum_{k=1}^{7} x^{(0)}(k) + x^{(0)}(8) = 6757$$

$$x^{(1)}(9) = \sum_{k=1}^{9} x^{(0)}(k) = \sum_{k=1}^{8} x^{(0)}(k) + x^{(0)}(9) = 7768$$

$$x^{(1)}(10) = \sum_{k=1}^{10} x^{(0)}(k) = \sum_{k=1}^{9} x^{(0)}(k) + x^{(0)}(10) = 8861$$

$$x^{(1)}(11) = \sum_{k=1}^{11} x^{(0)}(k) = \sum_{k=1}^{10} x^{(0)}(k) + x^{(0)}(11) = 10069$$

$$x^{(1)}(12) = \sum_{k=1}^{12} x^{(0)}(k) = \sum_{k=1}^{11} x^{(0)}(k) + x^{(0)}(12) = 11328$$

$$x^{(1)}(13) = \sum_{k=1}^{13} x^{(0)}(k) = \sum_{k=1}^{12} x^{(0)}(k) + x^{(0)}(13) = 12779$$

即得到 $x^{(1)}(k)$ 序列:

$$x^{(1)}(k) = [702, 1447, 2200, 3051, 3915, 4819, 5776, 6757, 7768, 8861, 10069,$$
$$11328, 12779]$$

$$\frac{1}{2}(x^{(1)}(2) + x^{(1)}(1)) = 1074.5, \quad \frac{1}{2}(x^{(1)}(3) + x^{(1)}(2)) = 1823.5,$$

$$\frac{1}{2}(x^{(1)}(4) + x^{(1)}(3)) = 2625.5, \quad \frac{1}{2}(x^{(1)}(5) + x^{(1)}(4)) = 3483.0,$$

$$\frac{1}{2}(x^{(1)}(6) + x^{(1)}(5)) = 4367.0, \quad \frac{1}{2}(x^{(1)}(7) + x^{(1)}(6)) = 5297.5,$$

$$\frac{1}{2}(x^{(1)}(8) + x^{(1)}(7)) = 6266.5, \quad \frac{1}{2}(x^{(1)}(9) + x^{(1)}(8)) = 7262.5,$$

$$\frac{1}{2}(x^{(1)}(10) + x^{(1)}(9)) = 8314.5, \quad \frac{1}{2}(x^{(1)}(11) + x^{(1)}(10)) = 9465.0,$$

$$\frac{1}{2}(x^{(1)}(12)+x^{(1)}(11))=10698.5,\ \frac{1}{2}(x^{(1)}(13)+x^{(1)}(12))=12053.5$$

$$Y_N=[x^{(0)}(2),\ x^{(0)}(3),\ \cdots,\ x^{(0)}(13)]^{\mathrm{T}}$$
$$=[745,753,851,864,904,957,981,1011,1093,1208,1259,1451]^{\mathrm{T}}$$

求解 $\hat{a}$ 得：

$$\hat{a}=[a,\ u]^{\mathrm{T}}=(B^{\mathrm{T}}B)^{-1}B^{\mathrm{T}}Y_N$$

$$=\left[\begin{pmatrix}-1074.5&1\\-1823.5&1\\-2625.5&1\\-3483.0&1\\-4367.0&1\\-5297.5&1\\-6266.5&1\\-7262.5&1\\-8314.5&1\\-9465.5&1\\-10698.5&1\\-12053.5&1\end{pmatrix}^{\mathrm{T}}\begin{pmatrix}-1074.5&1\\-1823.5&1\\-2625.5&1\\-3483.0&1\\-4367.0&1\\-5297.5&1\\-6266.5&1\\-7262.5&1\\-8314.5&1\\-9465.5&1\\-10698.5&1\\-12053.5&1\end{pmatrix}\right]^{-1}\begin{pmatrix}-1074.5&1\\-1823.5&1\\-2625.5&1\\-3483.0&1\\-4367.0&1\\-5297.5&1\\-6266.5&1\\-7262.5&1\\-8314.5&1\\-9465.5&1\\-10698.5&1\\-12053.5&1\end{pmatrix}^{\mathrm{T}}\begin{pmatrix}745\\753\\851\\864\\904\\957\\981\\1011\\1093\\1208\\1259\\1451\end{pmatrix}=\begin{pmatrix}-0.0583\\658.5766\end{pmatrix}$$

即 $a=-0.0583$，$u=658.5766$。

令 $x^{(1)}(0)=x^{(0)}(1)=702$，$\dfrac{u}{a}=\dfrac{69.8613}{0.0239}=-11296.339623$，其时间的响应函数为：

$$\hat{x}(k+1)=\left(x^{(0)}(1)-\frac{u}{a}\right)\mathrm{e}^{-ak}+\frac{u}{a}$$
$$=11998.339623\mathrm{e}^{0.0583k}-11296.339623$$

还原模型为：

$$\hat{x}^{(0)}(k+1)=(-a)\left(x^{(0)}(1)-\frac{u}{a}\right)\mathrm{e}^{-ak}$$
$$=699.5032\mathrm{e}^{0.0583k}$$

利用模型进行预测，监测值与预测值对比见表 7-2。

表 7-2　模型精度检验及断层滑移量预测结果　　　　　　　　　（mm）

实际累加值	模型计算值	相对误差	监测滑移量	预测滑移量	相对误差
$x^{(1)}(2)=1447$	$\hat{x}^{(1)}(2)=1422.296$	-0.017	745	741.496	-0.005
$x^{(1)}(3)=2200$	$\hat{x}^{(1)}(3)=2185.833$	-0.006	753	786.011	0.044

实际累加值	模型计算值	相对误差	监测滑移量	预测滑移量	相对误差
$x^{(1)}(4) = 3051$	$\hat{x}^{(1)}(4) = 2995.2078$	-0.018	851	833.197	-0.021
$x^{(1)}(5) = 3915$	$\hat{x}^{(1)}(5) = 3853.172$	-0.016	864	883.217	0.022
$x^{(1)}(6) = 4819$	$\hat{x}^{(1)}(6) = 4762.642$	-0.012	904	936.239	0.036
$x^{(1)}(7) = 5776$	$\hat{x}^{(1)}(7) = 5726.710$	-0.009	957	992.444	0.037
$x^{(1)}(8) = 6757$	$\hat{x}^{(1)}(8) = 6748.654$	-0.001	981	1052.023	0.072
$x^{(1)}(9) = 7768$	$\hat{x}^{(1)}(9) = 7831.948$	0.008	1011	1115.179	0.103
$x^{(1)}(10) = 8861$	$\hat{x}^{(1)}(10) = 8980.276$	0.013	1093	1182.127	0.082
$x^{(1)}(11) = 10069$	$\hat{x}^{(1)}(11) = 10197.541$	0.013	1208	1253.093	0.037
$x^{(1)}(12) = 11328$	$\hat{x}^{(1)}(12) = 11487.882$	0.014	1259	1328.320	0.055
$x^{(1)}(13) = 12779$	$\hat{x}^{(1)}(13) = 12855.687$	0.006	1451	1408.063	-0.030

利用得到的数学模型对未来 4 个时段 F_2 断层滑移变化情况进行预测，得到：$\hat{x}^{(0)}(14) = 1492.593$，$\hat{x}^{(0)}(15) = 1582.198$，$\hat{x}^{(0)}(16) = 1677.182$，$\hat{x}^{(0)}(17) = 1777.868$。

从表 7-2 实测值与模型计算值对比结果可以看出，预测值与监测值之间的最大相对误差为 0.103，达到要求。这也说明，已测数据所得到的灰色预测模型有很高的精度，可以用它对断层在未来几个时段的变化情况进行预测。

通过计算，求得原始观测值 $x^{(0)}(i)$ 与其拟合值 $\hat{x}^{(0)}(i)$ 之间的关联度 $r = 0.787$。然后再对模型计算结果进行后验差检验，得到后验差比值 $C = 0.00231$，小误差概率 $P = 1$。由表 7-1 可知，该模型已经能够满足预测精度的需要，而不再进行残差校正，用其对未来几个时段的发展变化进行预测将与实际相符较好。

由此可见，GM(1, 1) 预测模型有较高的预测精度，且该方法与常规的统计方法相比，建模方便，计算简单，对于断层活化滑移变化的预测有较大的实用价值。

7.3 崩落法开采陡倾矿体岩移范围的神经网络知识库预测

地下金属矿山开采引起的岩体与地表移动范围通常按移动角来圈定，因此正确预测岩体移动角，对于金属矿山安全生产有着重要意义。国内外矿山实践表明，采空区岩层移动角与上下盘围岩力学性质、开采深度、矿体厚度、矿体倾角、地质构造及开采方法等因素有关。参考国内外金属矿山开采岩体移动资料，采用 BP 神经网络方法对狮子山铜矿深部开采过程中的岩体移动角与移动范围进行研究，对矿山安全生产具有重要的意义。

7.3.1 BP 神经网络模型

人工神经网络——ANN（artificial neural network）是在研究生物神经网络系统的学习能力和并行机制的基础上提出的一门新兴交叉学科[170-171]。本书选用了当今 MLP 网络中应用非常广泛的一种网络模型——误差反向传播网络（error back propagation networks，BP）来进行反分析。

7.3.2 预测岩体移动角的神经网络知识库模型的建立

7.3.2.1 输入指标

总结国内外的研究成果[172-173]，并参考相关规范[174-175]，确定了 7 个指标作为金属矿山岩体移动角的影响因素，分别为：（1）矿体上盘围岩岩性；（2）矿体下盘围岩岩性；（3）开采深度；（4）开采厚度；（5）矿体倾角；（6）上盘围岩构造特征；（7）下盘围岩构造特征。

7.3.2.2 输出指标

金属矿山通常按陷落角和移动角来圈定地下矿山开采引起的岩体移动破坏范围。然而金属矿岩性坚而脆，通常移动角与陷落角的差别较小。因此，本书选取矿体上、下盘的移动角作为输出指标。

7.3.2.3 学习样本

在已有的研究成果和相关规范的基础上，参考大量的文献，并且遵循重要性、独立性和易测性原则，总结出了崩落法开采矿山岩体移动角研究成果（见表 7-3），选取矿体上下盘围岩性质（f 值）、开采深度、开采厚度、矿体倾角、上下盘围岩构造特征（主要表现为稳固性差、较稳固、中等稳固、稳固 4 种情况）和采矿方法作为金属矿山崩落法开采岩层移动角预测的影响因素。

表 7-3 部分崩落法矿山岩体移动角资料[173-175]

资料来源	序号	普氏系数		稳固程度		矿体倾角 /(°)	开采厚度 /m	开采深度 /m	移动角/(°)	
		上盘	下盘	上盘	下盘				上盘	下盘
我国部分矿山崩落法地表移动资料	1	9	11	基本稳固	基本稳固	46	53	80	68	68
	2	11	9	基本稳固	基本稳固	68	20	205	62	85
	3	5	9	比较稳固	比较稳固	70	5.5	550	45	60
	4	5	7	比较稳固	基本稳固	20	2	50	44	53

资料来源	序号	普氏系数		稳固程度		矿体倾角 /(°)	开采厚度 /m	开采深度 /m	移动角/(°)	
		上盘	下盘	上盘	下盘				上盘	下盘
我国部分矿山崩落法地表移动资料	5	7	5	比较稳固	不稳固	70	20	600	35	55
	6	7	8	比较稳固	中等稳固	70	27	475	78	70
	7	3	3	稳固	稳固	15	1.6	36	70	69
	8	3	3	中等稳固	中等稳固	10	1.9	67	66	68
	9	3	3	比较稳固	比较稳固	51	2.1	42	37.5	53.8
	10	6	8	稳固	稳固	33	11	250	80	80
	11	9	11	基本稳固	稳固	20	55	250	60	60
	12	10	11	中等稳固	稳固	33	27	115	60	65
	13	5	9	不稳固	不稳固	60	77	200	58	63
	14	11	11	中等稳固	中等稳固	60	27	110	55	65
	15	9	9	比较稳固	比较稳固	75	26	560	65	60
	16	5	7	不稳固	比较稳固	70	10	580	65	60
	17	5	9	比较稳固	比较稳固	60	25	450	55	60
	18	10	9	比较稳固	比较稳固	58	14	110	55	60
	19	5	11	不稳固	稳固	73	14.3	550	55	65
	20	10	11	稳固	稳固	58	18	500	60	60
	21	5	7	中等稳固	中等稳固	60	14.5	400	58	58
	22	6	7	比较稳固	比较稳固	45	31	480	55	65
	23	7	10	中等稳固	中等稳固	60	11.5	450	60	60
苏联部分矿山崩落法地表移动资料	24	7	9	比较稳固	基本稳固	85	14	150	75	60
	25	7	9	比较稳固	基本稳固	80	11	120	50	55
	26	7	9	比较稳固	基本稳固	85	1.5	150	70	75
	27	8	9	中等稳固	基本稳固	75	9	240	55	70
	28	8	9	中等稳固	稳固	78	6	100	45	70
	29	8	12	中等稳固	稳固	80	11	105	50	55
	30	6	8	比较稳固	中等稳固	78	27	240	35	60

在 BP 神经网络中，传递函数一般为（0，1）的 S 型函数，即 $f(x) = 1/(1 + e^{-x})$，所以输入层的输入值范围和输出层的输出值范围均要处于（0，1），因此，需要对样本进行归一化处理，将输入因素与输出因素值确定在（0，1）范围内。本书在归一化处理中，将输入数据除以 1000，然后再对输出结果乘以 1000。根据整理的资料，将表中的矿体形态因素进行定量处理，即对于上、下盘围岩构造特征稳固的值取 0.9，基本稳固的值取 0.7，中等稳固的值取 0.5，较稳固的值取 0.3，稳固性差的值取 0.1。崩落法矿山学习样本见表 7-4。

表 7-4 崩落法矿山学习样本

序号	输入							输出	
1	0.0090	0.0110	0.7000	0.7000	0.0460	0.0530	0.0800	0.0680	0.0680
2	0.0110	0.0090	0.7000	0.7000	0.0680	0.0200	0.2050	0.0620	0.0850
3	0.0050	0.0090	0.3000	0.3000	0.0700	0.0055	0.5500	0.0450	0.0600
4	0.0050	0.0070	0.3000	0.7000	0.0200	0.0020	0.0500	0.0440	0.0530
5	0.0070	0.0050	0.3000	0.1000	0.0700	0.0200	0.6000	0.0350	0.0550
6	0.0070	0.0080	0.3000	0.5000	0.0700	0.0270	0.4750	0.0780	0.0700
7	0.0030	0.0030	0.9000	0.9000	0.0150	0.0016	0.0360	0.0700	0.0690
8	0.0030	0.0030	0.5000	0.5000	0.0100	0.0019	0.0670	0.0660	0.0680
9	0.0030	0.0300	0.3000	0.3000	0.0510	0.0021	0.0420	0.0375	0.0538
10	0.0060	0.0080	0.9000	0.9000	0.0330	0.0110	0.2500	0.0800	0.0800
11	0.0090	0.0110	0.7000	0.9000	0.0200	0.0550	0.2500	0.0600	0.0600
12	0.0100	0.0110	0.5000	0.9000	0.0330	0.0270	0.1150	0.0600	0.0650
13	0.0050	0.0090	0.1000	0.1000	0.0600	0.0770	0.2000	0.0580	0.0630
14	0.0110	0.0110	0.5000	0.5000	0.0600	0.0270	0.1100	0.0550	0.0650
15	0.0090	0.0090	0.3000	0.3000	0.0750	0.0260	0.5600	0.0650	0.0600
16	0.0050	0.0070	0.1000	0.3000	0.0700	0.0100	0.5800	0.0550	0.0600
17	0.0050	0.0090	0.3000	0.3000	0.0600	0.0250	0.4500	0.0550	0.0600
18	0.0100	0.0090	0.3000	0.3000	0.0580	0.0140	0.1100	0.0550	0.0600
19	0.0050	0.0110	0.1000	0.9000	0.0730	0.0143	0.5500	0.0550	0.0650
20	0.0100	0.0110	0.9000	0.9000	0.0580	0.0180	0.5000	0.0600	0.0600

序号	输　入							输出	
21	0.0050	0.0070	0.5000	0.5000	0.0600	0.0145	0.4000	0.0580	0.0580
22	0.0060	0.0070	0.3000	0.3000	0.0450	0.0310	0.4800	0.0550	0.0650
23	0.0070	0.0100	0.5000	0.5000	0.0600	0.0115	0.4500	0.0600	0.0600
24	0.0070	0.0090	0.3000	0.7000	0.0850	0.0140	0.1500	0.0750	0.0600
25	0.0070	0.0090	0.3000	0.7000	0.0800	0.0110	0.1200	0.0500	0.0550
26	0.0070	0.0090	0.3000	0.7000	0.0850	0.0015	0.1500	0.0700	0.0750
27	0.0080	0.0090	0.5000	0.7000	0.0750	0.0090	0.2400	0.0550	0.0700
28	0.0080	0.0090	0.5000	0.9000	0.0780	0.0060	0.1000	0.0450	0.0700
29	0.0080	0.0120	0.5000	0.9000	0.0800	0.0110	0.1050	0.0500	0.0550
30	0.0060	0.0080	0.3000	0.5000	0.0780	0.0270	0.2400	0.0350	0.0600

7.3.2.4　BP 神经网络知识库模型的建立

A　神经网络参数设计

网络结构的设计，主要包括以下内容[171]：

(1) 网络层数选取。考虑多种因素的影响，采用 3 层有反馈的前向网络结构，即单隐层 BP 神经网络、分别是输入层、隐含层和输出层，层与层之间为全连接。

(2) 输入层和输出层神经元数的确定。本书中影响岩体移动角的因素有 7 个，所以确定输入层神经元数为 7。这些影响因素最终确定两个输出结果，即矿体上、下盘移动角，所以输出层神经元数为 2。

(3) 训练函数。BP 神经网络选用函数 traingdx 作为训练函数，其具有较高的精度。

(4) 激活转移函数。BP 神经网络模型的隐层函数选择 S 型的正切函数 (tansig)，而输出层采用 purelin 函数，激活转移函数采用 S（sigmoid）型的函数。这样网络的输出便可取任意值。

(5) 学习速率的确定。在学习速率选取时，大的学习速率有可能会导致系统不稳定，因此一般情况下选取小的学习速率，其选取范围在 0.01 ~ 0.8 之间，本研究取学习速率为 0.01。

(6) 期望误差的确定。通过对不同期望误差网络的对比训练来选取期望误差值，本研究中取期望系统平均误差为 0.0001，而选取期望单个样本误差为 0.02。

（7）隐含层的神经元数。隐含层单元数的选择，一直是一个比较复杂的问题，怎样选取最佳隐单元数个数，尚无一个特定的办法，可以通过以下 5 个公式来作为最佳隐单元数选取的参考公式：

1) $\sum_{i=0}^{n} C_{ni}^i > k$；

2) $n_1 = \sqrt{n + m} + a$；

3) $n_1 = \log_2 n$；

4) $n_1 = \sqrt{nm}$；

5) $n_1 = 2n + 1$。

式中，k 为样本数；n_1 为隐单元数；n 为输入单元数；m 为输出单元数；a 为 [1，10] 之间的常数。

此外，还有一种方法可以用于隐单元数目的选取。即先使隐单元数目可变，通过学习去掉那些不起作用的隐单元，直至不可收缩为止。同样，开始时放入比较少的隐单元数，学习到一定次数后，如果不成功则再增加隐单元的数目，直至达到比较合理的隐单元数目为止。结合上述两种方法来确定隐单元数。通过参考公式的计算，大约的隐单元数在 3~12 之间，然后设定循环检验隐单元数在 3~12 之间，看哪个数值的网络训练效果比较好，并且输出误差也比较小。综合对比分析训练时的误差及效果，最后确定合理的隐单元数目，具体代码如下：

```
s = 3:12;
res = 1:10;
for i = 1:10
net = newff( minmax( P) ,[ s( i) ,2] ,{ 'tansig' ,'purelin'} ,'traingdx') ;
net. trainParam. epochs = 5000;
net. trainParam. goal = 0. 0001;
net. trainParam. show = 25;
net. trainParam. Ir = 0. 01;
net = train( net,P,T)
y = sim( net,P) ;
error = y-T;
res( i) = norm( error) ;
end
number = find( res = = min( res) ) ;
if( length( number) >1) no = number( 1)
else no = number
end
```

通过训练得到当隐单元数为 3~12 时的网络训练误差见表 7-5。

表 7-5 网络训练误差表

神经元个数	3	4	5	6	7
网络误差	0.082401	0.08163	0.079805	0.076039	0.079502
神经元个数	8	9	10	11	12
网络误差	0.081081	0.069753	0.060935	0.06752	0.065413

通过表 7-5 可以发现,当隐含层神经元个数为 10 时,网络误差最小,其对函数的逼近效果也最好,所以本研究选取网络隐含层的神经元数为 10。

B 神经网络预测模型

崩落法 BP 神经网络训练曲线如图 7-7 所示,网络在训练到 1159 次后,收敛结束,误差达到了期望网络误差 0.0001 的要求,训练完毕。

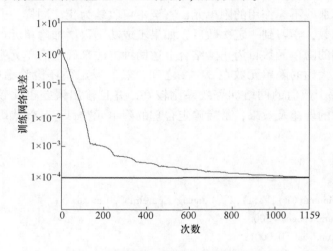

图 7-7 崩落法 BP 网络训练曲线

崩落法 BP 神经网络误差曲线图如图 7-8 所示,由图可知,个别样本误差较大,误差最大的样本为 20 号样本的下盘移动角,达到了 0.019,误差最小的样本为 22 号样本的上盘移动角,其误差为 9.2308×10^{-5}。总体来看,所建立模型的网络误差基本满足了预期的单个样本 0.02 的要求。

7.3.3 模型预测精度验证

为了验证模型的精确性,查询我国部分金属矿山岩体移动角实测资料,选取构造应力型崩落法开采矿山冶山铁矿和程潮铁矿为研究对象,对矿山的上下盘移动角进行预测。

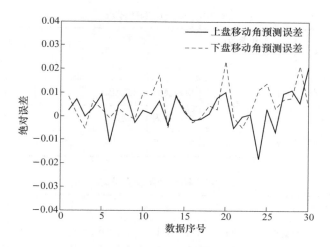

图 7-8 崩落法 BP 网络误差曲线图

通过已经训练好的神经网络模型对冶山铁矿和程潮铁矿的上下盘移动角进行预测,检验矿山移动角实测值见表 7-6,预测结果,见表 7-7。冶山铁矿上盘移动角 64.6°,下盘移动角是 82.5°,相对误差分别为 4.19% 和 2.94%;程潮铁矿上盘移动角为 70.5°,下盘移动角为 69.8°,相对误差分别为 3.7% 和 2.6%,显然所建立的崩落法开采矿山岩体移动角选取的 BP 神经网络模型具有较高的精度。

表 7-6 检验矿山移动角实测值[175]

矿山名称	普氏系数		稳固程度		矿体倾角 /(°)	开采厚度 /m	开采深度 /m	移动角/(°)	
	上盘	下盘	上盘	下盘				上盘	下盘
冶山铁矿	11	9	基本稳固	中等稳固	62	20	130	62	85
程潮铁矿	9	11	基本稳固	基本稳固	46	53	80	68	68

表 7-7 神经网络预测样本

矿山名称	输 入							输出	
冶山铁矿	0.0110	0.0090	0.7000	0.5000	0.0620	0.0200	0.1300	0.0646	0.0825
程潮铁矿	0.0090	0.0110	0.7000	0.7000	0.0460	0.0530	0.0800	0.0715	0.0728

7.3.4 狮子山铜矿岩体移动角及移动范围的预测

狮子山铜矿采用崩落法开采,矿体主要分 3 部分,即主矿体、飘带矿及板岩矿,各矿体概况见表 7-8,神经网络输入样本见表 7-9。

表 7-8 狮子山铜矿概况

矿山名称	矿体	普氏系数		稳固程度		矿体倾角 /(°)	开采厚度 /m	开采深度 /m
		上盘	下盘	上盘	下盘			
狮子山铜矿	主矿体	6.2	8.0	中等稳固	较稳固	75	50	850
	飘带矿	6.2	8.0	中等稳固	稳固	75	15	850
	板岩矿	6.2	4.9	中等稳固	中等稳固	75	115	850

表 7-9 神经网络输入样本

矿山名称	矿体	输 入							输 出	
狮子山铜矿	主矿体	0.0062	0.0080	0.5000	0.3000	0.0750	0.0500	0.8500	0.0610	0.0710
	飘带矿	0.0062	0.0080	0.5000	0.9000	0.0750	0.0150	0.8500	0.0620	0.0680
	板岩矿	0.0062	0.0049	0.5000	0.5000	0.0750	0.1150	0.8500	0.0590	0.0480

采用本书建立的岩层移动角 BP 神经网络预测模型预测岩层移动角结果为：主矿体上盘移动角为 61°，下盘移动角为 71°；飘带矿上盘移动角为 62°，下盘移动角为 68°；板岩矿上盘移动角为 59°，下盘移动角为 48°。根据预测得到上下盘移动角对于矿山工程布置和岩体移动范围的圈定具有一定的指导作用。

本章分析了地表岩移灾害的成因与危害性，根据地表岩移监测结果和地表地裂缝发展变化情况，对地表岩移灾害危险性现状进行了分析。在此基础上采用 FLAC3D，考虑地表实际起伏形态，对矿区地下持续开采地表岩移危害区域的发展演化趋势进行了分析。根据已有断层滑移监测数据，基于 GM(1,1) 模型的灰色系统，建立了适用于本工程实例的具有较高精度的时间响应模型。利用该模型对矿区内监测点的断层滑移发展变化趋势作了预测分析，得出了良好的预测分析结果。采用 BP 神经网络建立了金属矿床开采岩层移动角及其影响因素的知识库模型。并对模型精度进行检验，验证分析结果表明，岩层移动角知识库模型具有较高的精度，并应用该模型对狮子山铜矿主矿体、飘带矿和板岩矿的移动角及移动范围进行了预测。

参 考 文 献

[1]解世俊．金属矿床地下开采[M]．北京：冶金工业出版社，2008．

[2]С.Г. 阿威尔辛．煤矿地下开采的岩层移动[M]．北京：煤炭工业出版社，1959．

[3]王金庄，邢安仕，吴立新．矿山开采沉陷及其防治[M]．北京：煤炭工业出版社，1981．

[4]李先炜．岩体力学性质[M]．北京：煤炭工业出版社，1990．

[5]牟会宠．岩移与塌陷[M]．北京：地震出版社，1992．

[6]蔡嗣经．矿山充填力学基础[M]．北京：冶金工业出版社，1992．

[7]煤炭科学研究总院北京开采所．煤矿地表移动与覆岩破坏规律及其应用[M]．北京：煤炭工业出版社，1986．

[8]杜国栋．金川镍矿岩体移动与开采稳定性研究[D]．北京：中国科学院地质与地球物理研究所，2007．

[9]江西冶金学院．脉钨矿床的岩体移动及观测[R]．1984．

[10]杨帆，麻凤海．急倾斜煤层采动覆岩移动模式及应用[M]．北京：科学出版社，2007．

[11]Авершин С Г．Сдвжение Горных Пород При Подземных Разработках[M]．Москва：Углетехиздат,1947．

[12]ВНИМИ．Сдвиженне Горных Порд и Земной Поверх ~ ности [M]．Москва：Углетехиздат，1958．

[13]赴波兰考察团．波兰采空区地面建筑[M]．北京：中国科学出版社，1979．

[14]Brauner．Subsidence Due to Underground Mining [M]．USA：Bureau of Mines，1973．

[15]KRATZSCH H．Mining Subsidence Engineering [M]．New York：Translated by Fleming，Spring-Verlag Berlin Heidelberg，1983．

[16]刘宝琛，廖国华．煤矿地表移动的基本规律[M]．北京：中国工业出版社，1965．

[17]北京开采所．煤矿地表移动与覆岩破坏规律及应用[M]．北京：煤矿工业出版社，1981．

[18]何国清，马伟民，王金庄．威布尔型影响函数在地表移动变形计算中的应用[J]．中国矿业学报，1982，11(1)：25-29．

[19]周国铨，崔继宪，等．建筑物下采煤[M]．北京：煤矿工业出版社，1983．

[20]邹友峰．地表下沉函数计算方法研究[J]．岩土工程学报，1997，19(3)：109-112．

[21]戴华阳，王金庄，等．岩层与地表移动的矢量预计方法[J]．煤炭学报，2002，27(5)：473-478．

[22]戴华阳．基于倾角变化的开采沉陷模型及其 GIS 可视化应用研究[D]．徐州：中国矿业大学，1998．

[23]郭增长，殷作如，王金庄．随机介质碎块体移动概率与地表下沉[J]．煤炭学报，2000，25(3)：302-305．

[24]鲍里索夫 А А．矿山压力原理与计算[M]．王庆康，译．北京：煤矿工业出版社，1986．

[25]FAYOL M．Sur Les movements de terrain provoques par L'eoplotitation des mines [J]．Bull．Soc．L'Industrie Minorale，1985，14(2)：818-823．

[26]SALAMON M D G．Elastic analysis of displacements and stresses induced by the mining of seam or roof deposits [J]．J．S．Afr．Inst．Metall．，1963，63(3)：423-426．

［27］SALAMON M D G. 地下工程的岩石力学［M］. 北京：冶金工业出版社，1982.

［28］BRADY B H G, BROWN E T. 地下采矿岩石力学［M］. 北京：煤炭工业出版社，1990.

［29］COULTHARD M A. Applications of numerical modeling in underground mining and construction ［J］. Geotechnical and Geological Engineering, 1999(17)：373-385.

［30］COULTHARD M A, DLGHT P M. Numerical analysis of failed cemented fill at ZC/NBHC Mine ［C］//Proceedings of 3rd Australia~New Zealand Geomecharics Conference. 1980, 2：145-151.

［31］KAY D R. Report of the angus place subsidence modeling joint case study［R］. Sydney：NSW Department of Mineral Resources, 1990.

［32］COULTHARD M A. Distinct element modeling of mining-induced subsidence—a case study ［C］//Proceedings of Conference on Fractured and Jointed Rock Masses. 1995：725-732.

［33］钱鸣高. 采场矿山压力控制［M］. 北京：煤炭工业出版社，1983.

［34］钱鸣高，缪协兴. 采场上覆岩层结构的形态与受力分析［J］. 岩石力学与工程学报，1995，14(2)：92-106.

［35］钱鸣高，茅献彪，缪协兴. 采动覆岩中关键层上载荷的变化规律［J］. 煤炭学报，1998，23 (2)：135-230.

［36］茅献彪，钱鸣高，缪协兴. 采动覆岩中关键层的破断规律研究［J］. 中国矿业大学学报，1998,27(1)：39-42.

［37］茅献彪，钱鸣高，缪协兴. 采高及复合关键层效应对采场来压步距的影响［J］. 湘潭矿业学院学报，1999，14(1)：1-5.

［38］许家林，钱鸣高. 关键层运动时覆岩及地表移动影响的研究［J］. 煤炭学报，2000，25(2)：122-126.

［39］宋振骐. 实用矿山压力控制［M］. 徐州：中国矿业大学出版社，1998.

［40］谢和平. 非线性大变形有限元分析及岩层移动中应用［J］. 中国矿业大学学报，1988，17 (3)：72-75.

［41］刘天泉. 矿山岩体采动影响控制工程学及其应用［J］. 煤炭学报，1995，20(1)：1-5.

［42］张玉卓. 岩层移动的位错理论解及边界元法计算［J］. 煤炭学报，1987，22(2)：34-38.

［43］张玉卓. 应用弹性薄板理论计算条带开采引起的岩层和表移动［J］. 煤炭科研参考资料，1996，14(5)：1-4.

［44］吴立新，王金庄，赵七胜，等. 托板控制下开采沉陷的滞缓与集中现象研究［J］. 中国矿业大学学报，1994，23(4)：10-19.

［45］吴立新，王金庄. 连续大面积开采托板控制岩层变形模式的研究［J］. 煤炭学报，1994，19 (3)：233-241.

［46］李增琪. 计算矿山压力和岩层移动的三维层状模型［J］. 煤炭学报，1994，19(2)：216-219.

［47］麻凤海. 岩层移动及动力学过程的理论与实践［M］. 北京：煤炭工业出版社，1997.

［48］赵德深，麻凤海. 煤矿覆岩离层分布规律及其控制技术［M］. 上海：东方出版中心，1998.

［49］麻凤海. 岩层移动的时空过程［D］. 沈阳：东北大学，1996.

［50］麻凤海，施群德. 地表沉陷变形的非线性研究［J］. 中国地质灾害与防治学报，2000，11 (4)：15-18.

［51］范学理，刘文生，等. 中国东北煤矿区开采损害防护理论与实践［M］. 北京：煤炭工业出版

社,1998.

[52] 于广明,杨伦,苏仲杰,等.地层沉陷非线性原理、监测与控制[M].长春:吉林大学出版社,2000.

[53] 赵德深.煤矿区采动覆岩离层分布规律与地层沉陷控制研究[D].阜新:辽宁工程技术大学,2000.

[54] 苏仲杰.采动覆岩离层变形机理研究[D].阜新:辽宁工程技术大学,2001.

[55] 何满潮,等.软岩工程力学[M].北京:科学出版社,2002.

[56] 刘书贤.急倾斜多煤层开采地表移动规律模拟研究[D].北京:煤炭科学研究总院,2005.

[57] 于广明.分形及损伤力学在开采沉陷中的应用研究[D].北京:中国矿业大学(北京),1997.

[58] 刘文生.条带法开采采留宽度合理尺寸研究[D].阜新:阜新矿业学院,1998.

[59] 杨硕.采动损害空间变形力学预测[M].北京:煤炭工业出版社,1994.

[60] 唐春安.岩石破裂过程中的灾变[M].北京:煤炭工业出版社,1993.

[61] 刘红元,刘建新,唐春安.采动影响下覆岩垮落过程的数值模拟[J].岩土工程学报,2001,23(2):201-204.

[62] 邓喀中.开采沉陷中的岩体结构效应研究[D],徐州:中国矿业大学,1993.

[63] 张向东,范学理,赵德深.覆岩运动时的时空过程[J].岩石力学与工程学报,2002,21(1):56-59.

[64] 陶连金,王泳嘉.大倾角煤层上覆岩层力学结构分析[J].岩土力学,1997,18(增):70-73.

[65] 钟新谷.顶板岩梁结构的稳定性与支护系统刚度[J].煤炭学报,1995,20(6):601-606.

[66] 梁运培.采场覆岩移动的组合岩梁理论[J].地下空间,2001,21(5):341-345.

[67] 康建荣.采动覆岩动态移动破坏规律及开采沉陷预计系统(MSPS)研究[D].北京:中国矿业大学(北京),1999.

[68] 王悦汉,邓喀中,吴侃,等.采动岩体动态力学模型[J].岩石力学与工程学报,2003,22(3):352-357.

[69] 刘开云,乔春生,周辉,等,覆岩组合理论运动特征及关键层位置研究[J].岩石力学与工程学报,2004,23(8):1301-1306.

[70] 梁运培,孙东玲.岩层移动的组合岩梁理论及其应用研究[J].岩石力学与工程学报,2002,21(5):654-657.

[71] 何满潮,钱七虎.深部岩体力学基础[M].北京:科学出版社,2010.

[72] 何满潮,谢和平,彭苏萍等.深部开采岩体力学研究[J],岩石力学与工程学报,2005,24(16),2803-2813.

[73] HERGET G. Stress in Rock. A. A. BALKEMA/ROTTERDAM/BROOKFIELD,1988.

[74] 陶振宇.试论高地应力区的岩体特性[J].地下工程,1985:5-9.

[75] 郭志.高地应力地区岩体的变形特性[C]//全国第三次工程地质大会论文选集(上卷).成都:成都科技大学出版社,1988.

[76] 薛玺成,郭怀志,马启超.岩体高地应力及其分析[J].水力学报,1987(3):52-58.

[77] 杜尔扎.急倾斜煤层工作面上方地表岩层移动的回归分析[C]//第六届国际矿山测量会

议论文集,1985.

[78]HIRAMATSU Y, OKAMURA H, SUGAWARA K. Surface and horizontal displacements caused by mining inclined coal seams［C］//Proceedings Ⅳ International Congress of I. S. R. M. Montreaux. Switzerland, 1979.

[79]OU Z, ZHU J. Improving the Pearson function method for the calculation of surface movement after mining a steep seam［J］. Coal Sci. & Techcial, 1984, (12)：15-19.

[80]TORANO J, RODRIGUEZ R, CUDEIRO O, et al. Ground movement srelated to mining steeply dipping coal seams. MPES. IJSM［C］//Proceeding Ⅶ International Symposium on Mine Planing and Equipment Selection. Dnipropetrovsk, 1999:289-295.

[81]WHITTAKER B N, REDDISH D J. Surveying Ocurrence, Prediction and Control［M］. Amsterdam:Elsevier, 1989.

[82]PALARSKI J. Design of backfill as support in Polish coal mines［J］. Journal of the Southern African Institute of Mining and Metallurgy, 1994, 94(8)：218-226.

[83]贾强. 挤压构造应力对采煤沉陷的影响分析[D]. 西安:西安科技大学,2007.

[84]中南工业大学. 有色狮子山矿金属矿岩移预计理论及监测系统研究[R]. 1995,6.

[85]贺跃光. 工程开挖引起的地表移动与变形模型及监测技术研究[D]. 长沙:中南大学,2003.

[86]贺跃光,颜荣贵,曾卓乔. 构造应力作用下的地表移动规律研究[J]. 矿冶工程,2000,20(3):12-14.

[87]贺跃光,颜荣贵,曾卓乔. 急倾斜矿体开采地表沉陷与概化地应力研究[J]. 中南工业大学学报,2001,32(2):122-126.

[88]曹阳,颜荣贵,等. 构造应力型矿山地表移动宏观破坏特征与对策[J]. 矿冶工程,2002,22(2):31-33.

[89]李文秀,梅松花. BP神经网络在岩体移动参数确定中的应用[J]. 岩石力学与工程学报,2001,20(增):1762-1765.

[90]李文秀. 急倾斜厚大矿体地下与露天联合开采岩体移动分析的数学模型[J]. 岩石力学与工程学报,2004,23(4):572-577.

[91]李文秀,梅松华,等. 大型金属矿体开采地应力场变化及其对采区岩体移动范围的影响分析[J]. 岩石力学与工程学报,2004,23(23):4047-4051.

[92]李文秀,侯晓兵,等. 遗传规划方法用于确定岩体移动参数[J]. 岩石力学与工程学报,2006,25(增1):2974-2978.

[93]李文秀,侯晓兵,等. 模糊测度在山区开挖岩体移动分析中的应用[J]. 模糊系统与数学,2007,21(2):155-158.

[94]李文秀,郑小平,等. 软岩地层地下铁矿开采岩体移动影响范围及变化趋势分析[J]. 岩石力学与工程学报,2009,28(增2):3673-3678.

[95]马凤山,袁任茂,邓青海,等. 金川矿山地表岩移GPS监测及岩体采动影响规律[J]. 工程地质学报, 2007, 15(Suppl 2)：84-97.

[96]马凤山,李晓,路时豹,等. 金川二矿区地表变形GPS监测及分析[C]//工程地质力学研究(2004), 北京:地质出版社, 2004：115-134.

[97]邓清海. 金川矿山岩体移动规律及竖井变形、破坏机理研究[D]. 北京:中国科学院地质与

地球物理研究所, 2007.

[98]袁仁茂. 采动影响下金川矿山岩体移动规律、变形机理与预测研究[D]. 北京:中国科学院地质与地球物理研究所, 2006.

[99]袁仁茂,马凤山. 急倾斜厚大金属矿山地下开挖岩移发生机理[J]. 中国地质灾害与防治学报,2008,3,19(1):62-67.

[100]赵海军, 马凤山, 李国庆, 等. 充填法开采引起地表移动、变形和破坏的过程分析和与机理研究[J]. 岩土工程学报, 2008, 30(5): 670-676.

[101]赵海军, 马凤山, 邓清海,等. 下向胶结充填法开采陡倾金属矿引起的地质环境损害分析[J]. 工程地质学报, 2007, 15(Suppl): 252-259.

[102]赵海军,马凤山,李国庆,等. 充填法开采引起地表移动、变形和破坏的过程分析与机理研究[J]. 岩土工程学报,2008,30(5):670-676.

[103]赵海军,马凤山,丁德民,等. 急倾斜矿体开采岩体移动规律与变形机理[J]. 中南大学学报(自然科学版),2009,40(5):1423-1429.

[104]张亚民,马凤山,徐嘉谟,等. 高应力区露天转地下开采岩体移动规律[J],岩土力学,2011,32(增1):590-595.

[105]ZHAO H J, MA F S, ZHANG Y M, et al. Monitoring and mechanisms of ground deformation and ground fissures induced by cut-and-fill mining in the Jinchuan Mine 2, China[J]. Environ Earth Sci, 2013, 68: 1903-1911.

[106]ZHAO H J, MA F S, GUO J. Analysis of ground fissures induced by underground mining in a metal mine[J]. Advanced Materials Research,2011,255-260:3754-3758.

[107]ZHAO H J, MA F S, XU J M, et al. In situ stress field inversion and its application in mining-induced rock mass movement[J]. International Journal of Rock Mechanics & Mining Sciences, 2012, 53: 120-128.

[108]MA F S, ZHAO H J, ZHANG Y M, et al. Ground subsidence induced by backfill-mining of a nickel mine and development forecasts[C]//Land Subsidence, Associated Hazards and the Role of Natural Resources Development, IAHS Publ, 2010.

[109]MA F S, ZHAO H J, DING D M, et al. Regularity of ground rockmass movement induced by backfill mining of a metal mine[C]//2010 Taylor & Francis Group, London, 2010:3287-3292.

[110]MA F S, ZHAO H J, ZHANG Y M, et al. GPS monitoring analysis of rock mass movement and deformation of mine from open pit mining to underground mining[J]. Journal of Rock Mechanics and Geotechnical Engineering, 2012, 4(1): 82-87.

[111]江文武. 金川二矿区深部矿体开采效应的研究[D]. 长沙:中南大学,2009.

[112]江文武,徐国元,李国建. 高构造应力下充填采矿引起的地表变形规律[J]. 采矿与安全工程学报,2013, 30(3):396-400.

[113]黄平路. 构造应力型矿山地下开采引起岩层移动规律的研究[D]. 北京:中国科学院研究生院,2008.

[114]黄平路,陈从新,肖国峰,等. 复杂地质条件下矿山地下开采地表变形规律的研究[J]. 岩土力学,2009, 30(10):3020-3024.

[115]卢志刚. 复杂高应力环境下矿体开采引起的地表沉陷规律研究[D]. 长沙:中南大

学,2013.

[116]丁德民,马凤山,张亚民,等.急倾斜矿体分步充填开采对地表沉陷的影响[J].采矿与安全工程学报, 2010, 27(2): 249-254.

[117]张亚民,马凤山,等. 高应力区陡倾矿体开采引起岩移变形的数值模拟[J]. 金属矿山, 2012, 41(5):9-12.

[118]何国清,杨伦,凌赓娣,等. 矿山开采沉陷学[M]. 北京:中国矿业大学出版社, 1991.

[119]张玉卓,仲惟林,姚建国. 断层影响下地表移动规律的统计和数值模拟研究[J]. 煤炭报, 1989,(1):23-31.

[120]张亚民,马凤山,王杰,等. 陡倾断层上下盘开挖引起地表变形的数值模拟分析[J]. 中国地质灾害与防治学报,2012,23(3):61-65.

[121]周全杰,常兴民. 受断层影响地表裂缝的成因及特征分析[J]. 焦作工学院学报,1999,18(4): 248-250.

[122]戴华阳. 地表非连续变形机理与计算方法研究[J]. 煤炭学报,1995,20(6):614-618.

[123]吴侃,蔡来良,陈冉丽. 断层影响下开采沉陷预计研究[J]. 湖南科技大学学报(自然科学版),2008,23(4):10-13.

[124]郭文兵. 断层影响下地表裂缝发育范围及特征分析[J]. 矿业安全与环保,2000,27(2): 25-27.

[125]郭文兵,邓喀中,白云峰. 受断层影响地表移动规律的研究[J]. 辽宁工程技术大学学报(自然科学版),2002,21(6):713-715.

[126]赵海军,马凤山,李国庆,等. 断层上下盘开挖引起岩移的断层效应[J]. 岩土工程学报,2008,30(9):4.

[127]魏好,邓喀中. 受断层影响多煤层条带开采地表移动规律研究[J]. 煤矿安全,2010,(1): 8-12.

[128]任松,姜德义,杨春和. 盐穴储气库破坏后地表沉陷规律数值模拟研究[J]. 岩土力学,2009,30(12):3595-3601.

[129]蒋建平,章杨松,阎长虹,等. 地下工程中岩移的断层效应探讨[J]. 岩石力学与工程学报,2002,21(8):1257-1262.

[130]BERRY N, WHITTAKER I, DAVID J, et al. Subsidence Occurrence, Prediction and Control [M]. Elsevier Science Publisher B. V. , 1989.

[131]HOCK E, BROWN E T. Underground Excavations in Rock[M]. London: Institution of Min. & Met. ,1980.

[132]SINGH M M. Mine Subsidence of Mining Engineer[M]. Littleton CO. , 1986.

[133]SWOBODA G. Numerical Methods in Geomechanics[M]. Karabas: CRC Press, 1988.

[134]INABA K, YOSHIDA S. The stability analysis of landslide using the finite element solution of ground water flow[J]. Journal of Japan Landslide Society, 1994, 30(4):1-11.

[135]Mining subsidence:North east Leicestershire prospect:Publ Nottingham:National Coal Board, 1980, 50P[J].International Journal of Rock Mechanics and Mining Sciences & Geomechanics Abstracts,1981, 18(6): 122.

[136]SCHMIDT R L, SANANICK G A. Remote Mining Using Water for Ground Support[C]//

Proceedings 5th Conference on Ground Control in Mining. 1986:89-106.

[137] AGIOUTANTIS Z, KARMIS M. A Study of Roof Caving in the Eastern U. S. Coalfields[C]// Proceedings 5th Conference on Ground Control in Mining. Morgantown, 1986.

[138] HOOD M, EWE R T, RIDDLE L R. Empirical methods of subsidence predication—A case study from Illinois[J]. Int. J. Rock Mech. Min. Sci. & Geomech. Abstr., 1983, 20(4): 153-170.

[139] LIN S, WHITTAKER B N, REDDISH D J. Application of asymmetrical influence functions for subsidence prediction of gently inclined seam extractions[J]. Int. J. Rock Mech. Min. Sci. & Geomech. Abst., 1992, 29: 479-490.

[140] CUI X M, MIAO X X, WANG J A. Improved prediction of differential subsidence caused by underground mining[J]. International Journal of Rock Mechanics and Mining Sciences, 2000, 37: 615-627.

[141] SHEOREY P R, LOUI J P, SINGH K B, et al. Ground subsidence observations and a modified influence function method for complete subsidence prediction[J]. International Journal of Rock Mechanics and Mining Sciences, 2000, 37: 801-818.

[142] 颜荣贵, 曹阳, 贺跃光, 等. 急倾斜矿床崩落法开采地表变形预计新方法[C]//中国岩石力学与工程学会第七次学术大会论文集. 西安, 2002:406-411.

[143] 安欧. 构造应力场[M]. 北京:地质出版社, 1992.

[144] 蔡美峰. 岩石力学与工程[M]. 北京:科学出版社, 2002.

[145] 蔡美峰. 地应力测量原理和技术(修订版)[M]. 北京:科学出版社, 2000.

[146] 刘波, 韩彦辉. FLAC 原理实例与应用指南[M]. 北京:人民交通出版社, 2005.

[147] 陈育民. FLAC3D 基础与工程实例[M]. 北京:中国水利水电出版社, 2005.

[148] Itasca Consulting Group. 3DEC:3D distinct element code[R]. Version 3.00, [S. l.]:Itasca Consulting Group, 2002.

[149] 华安增. 地下工程周围岩体能量分析[J]. 岩石力学与工程学报, 2003, 22(7):1054-1059.

[150] 尤明庆, 华安增. 岩石试样破坏过程的能量分析[J]. 岩石力学与工程学报, 2002, 21(6): 778-781.

[151] 谢和平, 鞠杨, 黎立云. 基于能量耗散与释放远离的岩石强度与整体破坏准则[J]. 岩石力学与工程学报, 2005, 24(17): 3003-3010.

[152] 石玉燕, 颜启, 周翠英, 等. 利用应变能积累分析方法估计鲁冀豫交界区地震活动趋势[J]. 地震地磁观测与研究, 2005.

[153] 蒋建平, 高广运. 地下工程引起的不均衡地表沉陷分析[J]. 煤炭学报, 2003, 28(3): 225-229.

[154] 蒋建平, 汪明武, 罗国煜. 地下工程中岩土结构面的影响分析[J]. 工程地质学报, 2003(4): 349-353.

[155] 唐东旗, 吴基文, 李运成, 等. 断裂带岩体工程地质力学特征及其对断层防水煤柱留设的影响[J]. 煤炭学报, 2006, 31(4): 455-460.

[156] 李晓昭, 张国永, 罗国煜. 地下工程中由控稳到控水的断裂屏障机制[J]. 岩土力学, 2003, 24(2): 220-224.

[157]黄福明. 断层力学概论[M]. 北京：地震出版社, 2013.

[158]胡光义,范廷恩,宋来明,等. 应用滑动准则判断断层稳定性[J]. 2012. 19 (4):450-452.

[159]帅平, 无云, 周硕愚. 用 GPS 测量数据模拟中国大陆现今地壳水平速度及应变场[J]. 地壳变形与地震,1999, 19(2): 1-8.

[160]顾国华, 王若柏, 孙慧娟,等. 华北地区 GPS 形变测量结果及其地震地质意义[J]. 地震地质,1999, 21(6): 98-104.

[161]SATO H P, ABE K, OOTAKI O. GPS-measured land subsidence in Ojiya City, Niigata Prefecture, Japan[J]. Engineering Geology,2003, 67(3): 379-390.

[162]YANG G H, HAN Y P,et al. Determination of active units with different kinematic property and their activity pattern in North China based on the data from GPS remeasurements [J]. Acta Seismologica Sinica,2001, 14(1): 1-11.

[163]SING R P, YADAV R N. Prediction of subsidence due to coal mining in Raniganj coalfield, West Bengal, India [J]. Engineering Geology, 1995, 39(1/2):103-111.

[164]TIAN Y S, ZHANG W. Engineering geological characteristics and rheological properties of rockmass in Jinchuan Nickel Mine[C]// Proc. 8th Cong. Inter. Soc. On Rock Mechanics. A. A. Balkema, 1995:9-12.

[165]李庶林. 论我国金属矿山地质灾害与防治对策[J]. 中国地质灾害与防治学报, 2002, 13 (4):53-54.

[166]吴和平, 陈建宏, 习泳. 金属矿山工程灾害分析与控制对策[J]. 资源环境与工程, 2007, 21(2): 140-141.

[167]于广明, 王永和, 田荣. 当今采动地层塌陷灾害研究与控制途径[J]. 自然灾害学报, 1996,5(3): 26-47.

[168]康建荣. 山区采动裂缝对地表移动变形的影响分析[J]. 岩石力学与工程学报, 2008, 27 (1):59-64.

[169]邓聚龙. 灰色理论基础[M]. 武汉:华中科技大学出版社, 2002.

[170]刘思峰, 郭天榜. 灰色系统理论及其应用[M]. 郑州:河南大学出版社, 1991.

[171]余英林, 李海洲. 神经网络与信号分析[M]. 广州:华南理工大学出版社,1996.

[172]朱大奇, 史慧. 人工神经网络原理及应用[M]. 北京:科学出版社,2006.

[173]赵国彦. 金属矿隐覆采空区探测及其稳定性预测理论研究[D]. 长沙:中南大学,2010.

[174]武玉霞. 基于 BP 神经网络的金属矿开采地表移动角预测研究[D]. 长沙:中南大学,2008.

[175]张富民. 采矿设计手册矿床开采卷[M]. 北京:中国建筑工业出版社,1987.